JN094211

はじめての

Node-RED
ノード・レッド

MCU Edition

―ビジュアルプログラミングでマイコンを動かそう！―

はじめに

　「Node-RED」は、もともとIBMによって開発されたフローベースのビジュアルプログラミング開発ツールで、現在はオープンソースプロジェクトとして開発されています。

　Node.js上のV8ランタイムで動作し、ウェブブラウザベースのフローエディタで操作します。
　これまでの実行環境として「クラウド」、パソコンやサーバの「ローカル」、iOSやAndroid OSの「モバイル」、ラズパイやJetson Nanoを動かす「エッジ」などがありました。
　そして、それらに加え、新たに「MCU」（マイクロコントローラー）が加わりました。

　「Node-RED MCU Edition」は、組み込み向けJavaScript開発プラットフォームModdable SDK上のXSランタイムで動作します。
　Moddable SDKはUI・画像の表示、音声の再生、センサーデバイス、ネットワーク通信機能をサポートしており、IoTデバイスとの相性が優れています。

　JavaScriptのコードでプログラムを書くことも可能ですが、Node-REDのフローエディタを使用してビジュアルにプログラミングが可能となり、初心者にもやさしくモノづくりの幅が広がりました。

　今も精力的に開発、頻繁に更新されており、本書では、2023年2月時点の情報にもとづいて、Moddable SDKの導入からNode-RED MCU Editionの使い方を説明します。
　やりたいことがJavaScriptだけで実現できる可能性が広がり、今後が楽しみです。

北崎　恵凡

はじめての Node-RED MCU Edition
CONTENTS

サンプルのダウンロード

　本書で使われている「サンプルフロー」は、工学社サイトのサポートコーナーからダウンロードできます。

＜工学社ホームページ＞

https://www.kohgakusha.co.jp/support.html

　ダウンロードしたファイルを展開するには、下記のパスワードが必要です。
すべて半角で、大文字小文字を間違えないように入力してください。

Tb593p

すべて「半角」で、「大文字」「小文字」を間違えないように入力してください。

第1章

「Node-RED MCU Edition」とは

ここでは、Node-RED MCU Editionについて、解説します。

1-1 Node-RED Con 2022

2019年からはじまった「Node-RED Con Tokyo」はグローバルカンファレンスとなり、2022年10月7日に「Node-RED Con 2022」が開催されました。

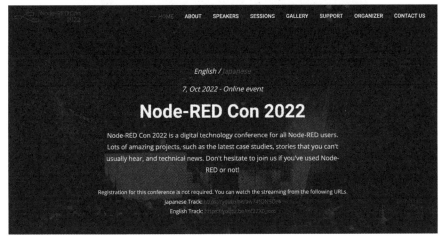

図1-1　Node-RED Con 2022

講演プログラムは日本語トラックが9個と英語トラックが11個あり、英語トラックでは、PETER HODDIE氏から「マイクロコントローラでNode-REDフローを動かす方法」(Node-RED MCU Edition)が紹介されました。

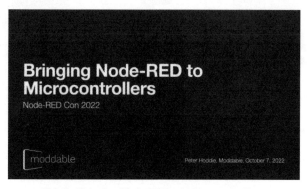

図 1-2　Bringing Node-RED to Microcontrollers

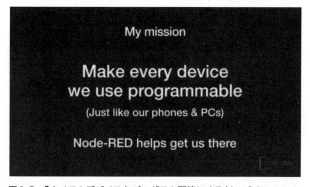

図 1-3　「すべてのデバイスをプログラム可能にする」というミッション

1-2　通常版Node-REDとの違い

　通常版の Node-RED は、「Node.js」（V8エンジン）で動作しますが、MCU
Edition は「Moddable SDK（XSエンジン）」で動作します。

表1-1　通常版とMCU Editionの違い

	通常版	MCU Edition
OS	Linux Windows macOS	FreeRTOS
JavaScript	V8	XS
Runtime	Node.js	Moddable SDK
UI	HTML	Piu

1-3　Moddable SDKとは

　「Moddable SDK」は、組み込み向けのJavaScriptアプリ開発プラットフォー
ムで、「ESP8266」「ESP32」「Raspberry Pi Pico（RP2040）」などのマイコンを
サポートしています。

・Moddable SDK

https://www.moddable.com/

図1-4　Moddable SDK

1-4 動作の仕組み

通常版Node-REDでフローを作り、JSON形式で出力します。

Node-RED MCU Edition は nodered2mcu ツールを提供し、「Moddable SDK」(XSエンジン)で動作する形式へ変換します。

マイクロコントローラで動作する形式にビルドし、インストールすることでNode-REDフローが動作します。

必要に応じてデバッガ(xsbug)を使って、ログを出力します。

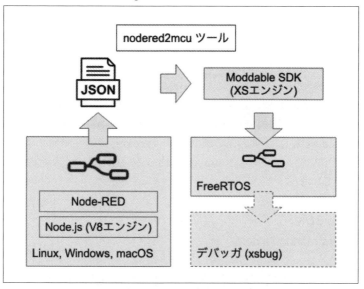

図1-5 Node-RED MCU Editionの仕組み

1-5 サポートされているマイコンデバイス

ここでは、日本国内で使える代表的な製品を示しています。
詳しくは、Moddableのページを見てください。

・Moddable

https://github.com/Moddable-OpenSource/moddable

■Moddable デバイス

リファレンスで使用される「Moddable One」「Moddable Two」「Moddable Three」は、Moddableの公式サイトから購入可能です。

もし、購入する場合はESP32が搭載されたModdable Twoをおすすめします。

図1-6　Moddableデバイス

■M5Stackシリーズ

Moddableデバイスは海外から発送されるため、日本で入手が容易なM5Stack社製品について説明します。

Moddable Twoと同じESP32が搭載され、基板がケースに収容されているため、取り扱いも安心です。

●M5Stack Basic

ESP32を搭載したM5Stack開発キットです。

本製品は2つのパーツで構成されており、上部パーツにマイコンデバイスなどのコンポーネント、下部パーツにリチウムバッテリー、GPIO端子などがあります。

図1-7 M5Stack Basic

●M5Stack Core2

M5Stack開発キットシリーズの第2世代のCoreデバイスです。

静電容量タッチスクリーン、6軸IMU、RTCモジュール、振動モーターなどを備えています。

図1-8 M5Stack Core2

●M5Stack CoreInk

電子ペーパーディスプレイを備えたM5Stack Coreデバイスです。

電子ペーパーはみずから発光しないため通常のLCDと比べると眼に優しく、低消費電力な点や電源の供給がなくなっても表示が残っている特長があります。

図1-9　M5Stack CoreInk

●M5StickC / M5StickC Plus

ESP32を搭載した小型のデバイスです。

LED、リチウムバッテリー、6軸IMUを備え、腕時計型マウンタに載せるなど、ポータブルな使い方もできます。

図1-10　M5StickC（左）とM5StickC Plus（右）

●ATOM Matrix

ESP32を搭載した超小型のデバイスです。

25個のRGB LED(NeoPixel)、6軸IMU、ボタンを備えています。

図1-11　AtomMatrix

●ATOMS3

ESP32-S3コントローラを搭載し、サイズはわずか24 x 24 mmの小型開発モジュールです。0.85インチのIPS液晶、6軸IMUを備えています。

図1-12　ATOMS3

■ **その他のデバイス**

● **ESP32 Devkit**

Espressif社の開発用ボードでESP32と3.3V電源、USBシリアル変換ICといった、最低限必要な周辺デバイスが搭載されています。

以前からリファレンス機として人気の高いモジュールです。

図1-13　ESP32 Devkit

● **ESP32-S3-DevKitC-1**

ESP32 Devkitの後継機として開発されたもので、モジュールの基板が少し細長くなっています。

ポート数が増えてRGB LEDが装着されています。

図1-14　ESP32-S3-DevKitC-1

● ESP8266

　1MBのフラッシュメモリを搭載し、Wi-Fi接続機能をもったコンパクトな
モジュールです。

図1-15　SwitchScience社のESP8266

● Raspberry Pi Pico

　Raspberry Pi財団が開発したRP2040マイコンを搭載した開発基板です。

図1-16　Raspberry Pi Pico W

第**2**章

環境構築(macOS編)

ここでは、「macOS」での、環境構築の手順を解説します。

2-1　Moddable SDKのインストール

　最初にModdable SDKをインストールし、次にマイクロコントローラに応じたビルドツール、たとえば、ESP32であれば「ESP-IDF」、ESP8266なら「ESP8266 RTOS SDK」、Raspberry Pi Picoの場合「Raspberry Pi Pico SDK」をインストールします。

　GitHubの「Moddable SDK – Getting Started」が情報源になるので、確認してください。

https://github.com/Moddable-OpenSource/moddable/blob/public/
documentation/Moddable%20SDK%20-%20Getting%20Started.md

　ここでは、ESP32向け開発環境の構築について説明します。

【環境例①】
- MacBook Pro (2017,Intel)
- macOS Big Sur (バージョン 11.7)
- Xcode (バージョン 13.1)
- Moddable SDK 3.7.0
- ESP-IDF v4.4.3

【環境例②】

- MacBook Air (2020,M1)
- macOS Monterey (バージョン 12.6)
- Xcode (バージョン 13.4.1)
- Moddable SDK 3.7.0
- ESP-IDF v4.4.3

> ※エラーが出る場合は、Apple Rosetta 2 をインストールしてください。

■Xcodeのインストール

手　順

[1] App Store から Xcode のインストール

　AppStore から「Xcode」を検索して、インストールします。

　インストール後、CommandLineTools が正しく設定されていないと、Moddable SDK のビルドでエラーになるので、メニューから「Preferences」→「Locations」で Command Line Tools のプルダウンメニューから設定します。

図2-1　Xcodeのインストール

[2] Moddable SDK リポジトリのダウンロード

ホームディレクトリにダウンロード、インストールする前提で説明します。ターミナルを開いて、以下のコマンドを入力します。

```
$ git clone https://github.com/Moddable-OpenSource/moddable
```

[3] 環境変数の設定

　使うシェル環境によって環境変数を設定するファイルが異なります。

・bashの場合

```
~/.bashrc
```

・zshの場合

```
~/.zshrc
```

以下の設定を追加します。

```
export MODDABLE="/Users/ユーザー名/moddable"
export PATH="${MODDABLE}/build/bin/mac/release:$PATH"
```

環境変数を有効にするため、ターミナルを閉じて新しく開きます。

[4] Moddable SDKのビルド

Moddable SDK をビルドします。

```
$ cd ${MODDABLE}/build/makefiles/mac
$ make
```

[5] デバッガツール(xsbug)の起動

デバッガツール(xsbug)を起動します。

```
$ open ${MODDABLE}/build/bin/mac/release/xsbug.app
```

新しいウィンドウが開くので、デバッガが正常に起動されることを確認
したら、閉じます。

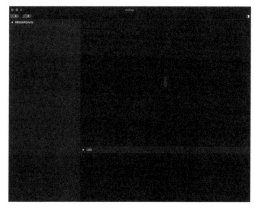

図2-2　デバッガ

■サンプルプログラムの実行

サンプルプログラム(helloworld)を実行すると、シミュレータ(macsim One)とデバッガ(xsbug)が起動します。

```
$ cd ${MODDABLE}/examples/helloworld
$ mcconfig -d -m -p mac
```

mcconfigコマンドの引数(オプション)の意味は、以下の通りです。

-d デバッグモードでビルドを行なう

-m ビルドとデバイスへの書き込みを同時に行なう

-p ビルドのプラットフォームを指定するオプション

mac は macOS の Moddable シミュレータ

M5Stack Basic の場合は esp32/m5stack

M5Stack Fire の場合は esp32/m5stack_fire

M5Stack Core2 の場合は esp32/m5stack_core2

M5StickC の場合は esp32/m5stick_c

M5StickC Plus の場合は esp32/m5stick_cplus

左上のメニューからシミュレータの種類を変更できます。

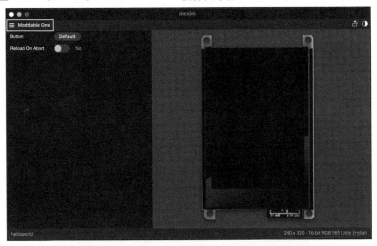

図2-3 シミュレータの種類

再生ボタンを押すとCONSOLEに「Hello, world - sample」と表示されます。

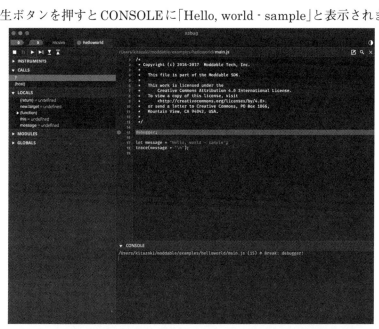

図2-4 「Hello, world - sample」の表示

別のサンプルも試してみます。

```
$ cd ${MODDABLE}/examples/piu/balls
$ mcconfig -d -m -p mac
```

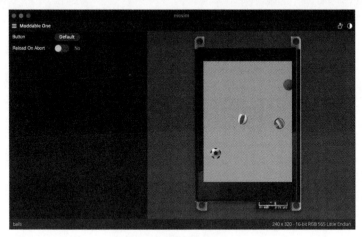

図2-5 別のサンプルを実行

■Moddable SDKの更新

Moddable SDKの新しいリリース版が公開された時など、更新が必要になる場合があります。

その場合、下記のコマンドで更新します。

```
$ cd ${MODDABLE}
$ git pull
```

Moddable SDKを再ビルドします。

```
$ cd ${MODDABLE}/build/makefiles/mac
$ make clean
$ make
```

■ESP32マイコンデバイスでの動作

M5StackなどのESP32マイコンデバイスで動作させるためには、ESP32用のビルド環境を構築する必要があります。

2-2 ESP-IDFのインストール

GitHubの「Using the Moddable SDK with ESP32」が情報源になります。

https://github.com/Moddable-OpenSource/moddable/blob/public/
documentation/devices/esp32.md

手 順

[1] ESP-IDF リポジトリのダウンロード

ホームディレクトリにダウンロードして、インストールする前提で説明します。

```
$ mkdir esp32 && cd esp32
$ git clone --recursive https://github.com/espressif/esp-
idf.git
$ cd esp-idf
$ git checkout v4.4.3
$ git submodule update --init --recursive
```

[2] Homebrewのインストール

Homebrew (brewコマンド)をインストールします。

・Homebrew

https://brew.sh/

```
$ /bin/bash -c "$(curl -fsSL https://raw.githubusercontent.
com/Homebrew/install/HEAD/install.sh)"
```

[3] brewコマンドでESP-IDFの実行に必要なツールをインストール

```
$ brew update
$ brew install python cmake ninja
```

すでにインストールされている場合は、アップデートします。

```
$ brew upgrade python cmake ninja
```

[4] 環境変数の設定

使っているシェル環境によって環境変数を設定するファイルが異なります。

・bashの場合

```
~/.bashrc
```

・zshの場合

```
~/.zshrc
```

以下の設定を追加します。

```
export IDF_PATH=$HOME/esp32/esp-idf
```

[5] ターミナルを再度開く

環境変数を有効にするため、ターミナルを閉じて新しく開きます。

■ESP-IDFのビルドとインストール

手　順

[1] ESP-IDF をビルド、インストールします。

```
$ cd $IDF_PATH
$ ./install.sh
```

[2] ESP-IDF ビルド環境の設定

ESP-IDFのビルド環境を設定します。

ターミナルを開くたびに実行が必要です。

```
$ source $IDF_PATH/export.sh
```

ターミナルを開く度に毎回実行するのが面倒な場合は、シェルの初期化ファイル(~/.bashrc、または、~/.zshrc)に環境変数(IDF_PATH)の設定の後ろに追加します。

```
export IDF_PATH=$HOME/esp32/esp-idf
source $IDF_PATH/export.sh
```

[3] シリアルポート番号の確認

マイコンデバイス(M5Stack など)をPC(MacBook など)へUSB接続する前と後で以下のコマンドを実行して、デバイスが認識されたシリアルポート番号を確認します。

```
$ ls /dev/cu.*
/dev/cu.usbserial-01F05577
```
として、認識された前提で説明します。

　認識されたシリアルポート番号を環境変数(UPLOAD_PORT)に設定します。
```
$ export UPLOAD_PORT=/dev/cu.usbserial-01F05577
```

　mcconfigコマンドを実行する時に指定することもできます。

・実行例①(M5Stack Core2の場合)
```
$ UPLOAD_PORT=/dev/cu.usbserial-01F05577 mcconfig -d -m -p
esp32/m5stack_core2
```

・実行例②(M5Stack Basicの場合)
```
$ UPLOAD_PORT=/dev/cu.usbserial-015F99BB mcconfig -d -m -p
esp32/m5stack
```

■サンプルプログラムの実行

　ボールのサンプルプログラムをビルドし、デバイスへインストール(書き込み)します。

　・実行例①(M5Stack Core2 の場合)

```
$ cd ${MODDABLE}/examples/piu/balls
$ UPLOAD_PORT=/dev/cu.usbserial-01F05577 mcconfig -d -m -p
esp32/m5stack_core2
```

　・実行例②(M5Stack Basic の場合)

```
$ cd ${MODDABLE}/examples/piu/balls
$ UPLOAD_PORT=/dev/cu.usbserial-015F99BB mcconfig -d -m -p
esp32/m5stack
```

図2-6　デバイスで実行

デバッガ(xsbug)も起動されます。

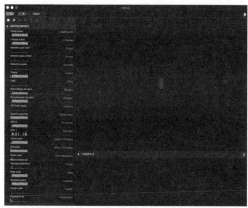

図2-7　デバッカーの起動

2-3 Node-RED MCU Editionの使用方法

　Node-RED MCU Editionは、Node-REDフローエディタからJSON形式でエクスポートされたフローを、Moddable SDKのXS JavaScriptエンジンで動作する形式へ変換します。

　Node-REDフローエディタ上でMCU用にビルド、デバイスへ書き込めるツール (node-red-mcu-plugin) がリリースされているので、こちらを利用する方が楽です。(後述で説明します)

　まずはNode-REDフローをMCU (マイクロコントローラー) で動かす仕組みを理解するために、手動で変換、ビルド、書き込みを行います。

手 順

[1] Node-RED MCU Edition リポジトリのダウンロード
　Node-RED MCU Editionのリポジトリをダウンロードします。

```
$ git clone https://github.com/phoddie/node-red-mcu
```

[2] Node-RED フローの実行
　まずは簡単なフローを実行してみます。
　通常版Node-RED フローエディタで、「inject」ノードと「debug」ノードを接続し、「inject」ノードは繰り返し動作に設定します。

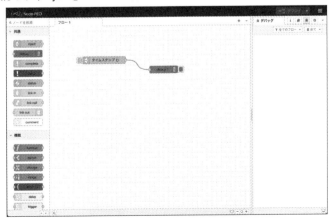

図2-8　「inject」ノードと「debug」ノードを接続

図2-9 繰り返し動作に設定

[3] Node-RED フローを JSON 形式でエクスポート
右上のメニューから「書き出し」を選択します。

図2-10 「書き出し」を選択

[4]「JSON」タブを選択します。

図2-11 「JSON」タブを選択

[5]「書き出し」を選択します。

図2-12 「書き出し」を選択

[6] クリップボードにNode-RED フローがJSON形式でコピーされます。

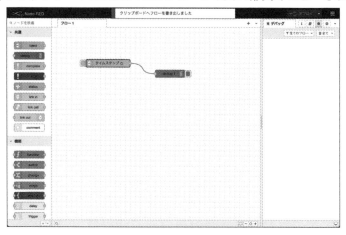

図2-13　コピーされたフロー

[7] Node-RED フロー(JSON形式) を flows.json ファイルに保存

　node-red-mcu ディレクトリに空の flows.json ファイルがあるので、クリップボードにコピーしたNode-RED フローを書き込みます。

[8] エディタで flows.json ファイルを編集します。

```
node-red-mcu/flows.json
```

(変更前)

```
[
]
```

(変更後)

```
[
    {
        "id": "8e0e0125ce64fc32",
        "type": "tab",
        "label": "フロー 1",
        "disabled": false,
        "info": "",
        "env": []
    },
```

```
{
    "id": "b26f7a4723afecfe",
    "type": "inject",
    "z": "8e0e0125ce64fc32",
    "name": "",
    "props": [
        {
            "p": "payload"
        },
        {
            "p": "topic",
            "vt": "str"
        }
    ],
    "repeat": "1",
    "crontab": "",
    "once": false,
    "onceDelay": 0.1,
    "topic": "",
    "payload": "",
    "payloadType": "date",
    "x": 230,
    "y": 140,
    "wires": [
        [
            "d6cb10fdeae23781"
        ]
    ]
},
{
    "id": "d6cb10fdeae23781",
    "type": "debug",
    "z": "8e0e0125ce64fc32",
    "name": "debug 1",
    "active": true,
    "tosidebar": true,
    "console": false,
    "tostatus": false,
    "complete": "false",
    "statusVal": "",
    "statusType": "auto",
```

```
        "x": 480,
        "y": 180,
        "wires": []
    }
]
```

[9] Node-RED フローをシミュレータで実行

Node-RED フローをシミュレータで実行します。

```
$ mcconfig -d -m -p mac
```

[10] デバッガ (xsbug) が起動

デバッグログが毎秒、吹き出しで出力されることを確認できます。

図2-14　デバッガ (xsbug) が起動

[11] Node-RED フローをデバイス (MCU) で実行

・M5Stack Core2 で動かす場合

```
$ UPLOAD_PORT=/dev/cu.usbserial-01F05577 mcconfig -d -m -p
esp32/m5stack_core2
```

M5Stack Basic で動かす場合

```
$ UPLOAD_PORT=/dev/cu.usbserial-015F99BB mcconfig -d -m -p
esp32/m5stack
```

[12] デバッガ(xsbug) が起動

シミュレータの時と同様、デバッグログが毎秒、吹き出しで出力される
ことを確認できます。

図2-15　デバッガ「xsbug」が起動

[13] Node-RED MCUの更新

Moddable SDKの新しいリリース版が公開された時などは、更新が必
要になる場合があります。

その場合、下記のコマンドで更新します。

```
$ cd ~/node-red-mcu
$ git pull
```

リポジトリに変更がある場合は、git pull コマンドがエラーになります
ので、変更を一旦退避して、更新後に再適用します。

```
$ cd ~/node-red-mcu
$ git stash push
$ git pull
$ git stash pop
```

2-4 node-red-mcu-pluginの使用方法

Node-REDフローエディタ上でMCU用にビルド、デバイスへ書き込むツール（node-red-mcu-plugin）を使用する方法を説明します。

■Node.jsのインストール

「Node.js（v18.14.2 LTS）」を前提とします。

手 順

[1] Node.jsのサイトへアクセスし、推奨版のソフトウェアをダウンロード

https://nodejs.org/ja/

図2-16　Node.jsのダウンロード

[2] ダウンロードしたファイル（pkgファイル）を実行し、「続ける」を選択

図2-17　ファイルの実行

[3] 使用許諾契約が表示されるので、「続ける」を選択

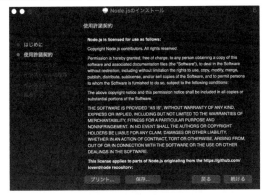

図2-18　使用許諾契約の確認

[4] 「同意する」を選択

図2-19　規約の同意

[5] インストール先の選択画面で「続ける」を選択

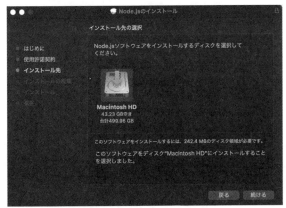

図2-20　インストール先の選択

[6]「インストール」を選択

管理者パスワードの入力を求められた場合は入力します。

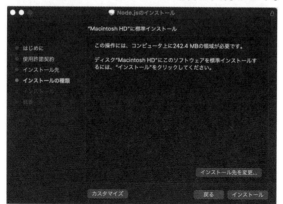

図2-21 インストールを続行

[7]インストールが完了したら「閉じる」を選択

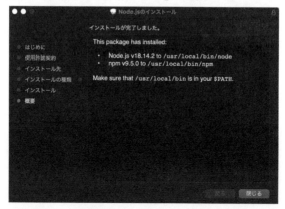

図2-22 インストールの完了

[8]ターミナルを開き、以下のコマンドで動作を確認します。

```
$ node -v
v18.14.2
$ npm -v
9.5.0
```

■Node-REDのインストール

手 順

[1] npmコマンドでNode-REDをインストールします。

```
$ sudo npm install -g --unsafe-perm node-red
```

[2] Node-REDを起動します。

```
$ node-red
```

　ブラウザで「http://localhost:1880」へアクセスし、フローエディタが表示されることを確認します。

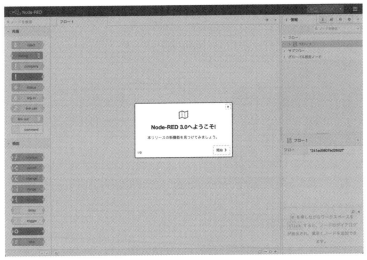

図2-23　Node-REDの起動

　Node-REDを起動したターミナルから、[Ctrl] + [C] キーでNode-RED
を停止します。

[3] 「node-red-mcu-plugin」のインストール
　以下のコマンドで、「node-red-mcu-plugin」をインストールします。

```
$ cd ~/.node-red
$ npm install @ralphwetzel/node-red-mcu-plugin
```

最新版をインストールする場合は、以下のコマンドを実行します。

```
$ npm install https://github.com/ralphwetzel/node-red-mcu-plugin
```

Node-RED を起動すると、フローエディタのサイドパネルに「MCU」タブが追加されます。

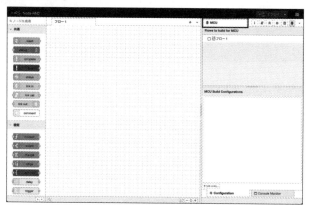

図2-24　「node-red-mcu-plugin」のインストール

[4]「MCU」タブの設定

まずは通常通り、Node-RED フローを作成します。

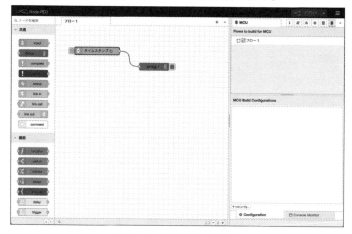

図2-25　「MCU」タブの設定

[5] 「Flows to build for MCU」のチェックボックスにチェックを入れる

「MCU」タブの「Flows to build for MCU」でチェックボックスにチェックを入れます。

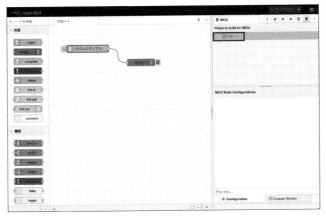

図2-26 「Flows to build for MCU」のチェックボックス

[6] 「MCU」タブの「MCU Build Configurations」で「Add config」を押す

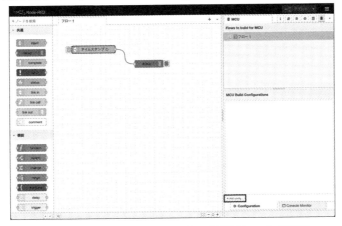

図2-27 「MCU Build Configurations」で「Add config」を押す

[7] デバイス用の設定を追加

デバイスが「M5Stack Core2」の場合、プルダウンメニューから「ESP32 |Espressif」「esp32/m5stack_core2」を選択します。

「M5Stack Basic」の場合はプルダウンメニューから「ESP32|Espressif」「esp32/m5stack」を選択します。

シリアルポート番号はマイコンデバイスが認識された値を入力します。

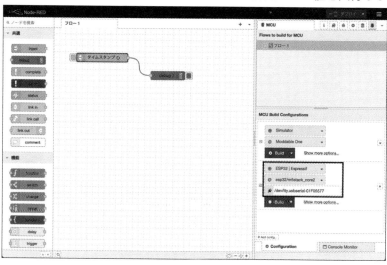

図2-28 デバイス用の設定を追加

[8] Node-REDフローの実行

「Build」を押すとNode-REDフローのビルドとデバイスへの書き込みが実行されます。

「Console Monitor」タブを押すと、ターミナル画面でビルド実行の様子を確認できます。

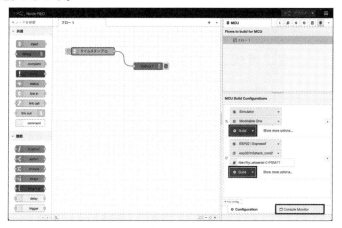

図2-29　Node-REDフローの実行

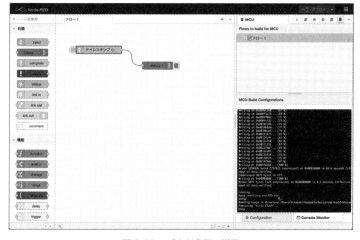

図2-30　ビルド実行の様子

[9] インストールの完了

デバイスへのインストールが完了すると、デバッガ(xsbug)が起動し、Node-RED フローの動作を確認できます。

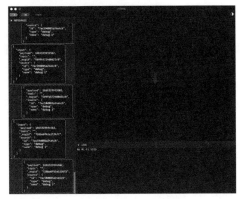

図2-31 インストールの完了

サイドバーの「デバッグ」タブでも動作を確認できます。

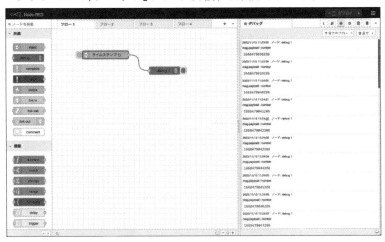

図2-32 「デバッグ」タブで動作を確認

第3章

環境構築（Windows10,11編）

ここでは、Windowsでの環境構築を解説します。

本章では、「Windows11」と「M5Stack Basic」の組み合わせで記しています。

3-1 Gitのインストール

Gitのホームページからダウンロードして、インストールします。

https://git-scm.com/

インストールオプションは、最初から選択されているものを特に変更せずに、すべて最初から選択してある項目に沿ってインストールします。

3-2 Node.jsのインストール

Node.jsのホームページからダウンロードして、インストールします。

https://nodejs.org/ja/

本章では「18.13.0. LTS」を利用しています。

※2023年2月時点で、最新のNode-RED v3.0.2がサポートするのは、Node.jsのバージョン12〜18です。

インストールオプションは変更せずに、すべて最初から選択してある項目に沿ってインストールを行ないます。

3-3　Node-RED

■インストール

スタートメニューの「Node.js」グループ、もしくは、タスクバーの検索から「Node.js command prompt」を開き、"Node-RED"のインストールコマンドを入力します。

```
> npm install -g --unsafe-parm node-red
```

プロンプトに戻ると、インストール完了です。

■起動と使い方

「Node.js command prompt」で"node-red"と入力します。

初回起動時は、「ファイアウォールの警告」が表示されるので、[アクセスを許可する]をクリックします。

```
> node-red
```

コンソールには起動メッセージが表示されます。

図3-1　起動メッセージ

ブラウザで"http://localhost:1880"に接続すると、Node-REDの画面が表示されます。

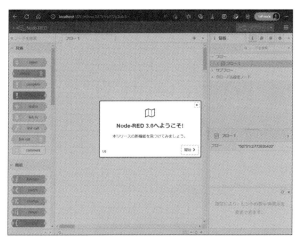

図3-2　Node-RED画面表示

　終了するには、ブラウザを閉じ、Node-REDを開いた"Node.js command prompt"で[Ctrl]+[C]キーを押して停止するか、"Node.js command prompt"自体を閉じて終了します。

3-4　Moddable SDK

　Moddableを動作させるためには、Moddable SDKと使うデバイスの開発ツールが必要になります。ここではESP32デバイスを前提とするためESP32 Toolsをインストールします。

■Moddable SDKのインストール

　Moddable SDKにはVisual Studioが必要なので、インストールします。

手　順

[1] Microsoft Visual Studio 2022 Communityのダウンロード
　Microsoft Visual Studioのダウンロードサイトより、コミュニティ版をダウンロードします。

https://visualstudio.microsoft.com/ja/downloads/

[2]ダウンロードしたファイルを実行し、インストールを開始

　ユーザーアカウント制御が要求された場合は、[はい]をクリックし許可してください。

　ダウンロード・インストールする項目の選択画面では2か所にチェックを入れます。

　1つ目は、デスクトップとモバイルの「C++によるデスクトップ開発」。
　2つ目は、右のインストールの詳細にある「Windows 10 SDK (10.0.19041.0)」です。
　チェックが終わったら、[インストール]をクリックし、インストールを開始します。

図3-3　インストール画面

図3-4　インストール開始

インストールが終わったら、「Visual Studio Installer」ウィンドウを閉じます。インストール後に「Visual Studio」が起動した場合は、それも閉じます。

[3] Moddable SDK リポジトリのダウンロード
作業用フォルダを作成し、GitHub からリポジトリを取得します。
ここでは、作業フォルダを "c:¥pjt" とします。

> ※ Moddable のドキュメントの通り "%USERPROFIILE%¥Projects" にすると、パス名が長くなりすぎて、Moddable (node-red-mcu-plugin) が正常にビルドできないことがあります。

[Windows] ＋ [R] キーを押し「ファイル名を指定して実行」ダイアログを表示させます。
"cmd" と入力し、コマンドプロンプトを立ち上げます。

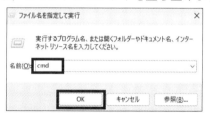

図3-5　コマンドプロンプトの立ち上げ

以下のコマンドを入力します。

```
> mkdir ¥pjt
> cd ¥pjt
> git clone https://github.com/Moddable-OpenSource/moddable
```

終了したら、コマンドプロンプトを閉じます。

[4] 環境変数の設定

タスクバーの検索で " 環境変数の編集 " を入力して、「環境変数の編集」画面を開きます。

図3-6　環境変数の編集

ユーザー環境変数の [新規] をクリックします。

図3-7　ユーザー環境変数

新しい項目を入力して、追加します。

| 変数名：MODDABLE |
| 変数値：c:¥pjt¥moddable |

図3-8　新しいユーザー変数

Pathに"%MODDABLE%¥build¥bin¥win¥release"を追加します。
ユーザー環境変数のPathを選択したのちに[編集]をクリックします。
"環境変数名の編集"画面が表示されたら、[新規]をクリックします。

"%MODDABLE%¥build¥bin¥win¥release"を入力し、[OK]をクリック
します。この時点では、まだこのフォルダは存在しませんが、先に入力し
ておきます。

図3-9　Pathの編集

"環境変数"画面に戻ったら、[OK]をクリックし、閉じます。

[5] Moddable SDKのビルド
　スタートメニューの「Visual Studio 2022」グループ、もしくは、タスク
バーの[検索]から、「x86 Native Tools Command Prompt for VS 2022」
を開きます。

※"x64 Native……"ではありません。

Moddable Command Lineツールとデバッガをビルドします。

```
> cd %MODDABLE%¥build¥makefiles¥win
> build
```

"build"と入力するとビルドを開始し、終わったらプロンプトに戻ります。
プロンプトが表示されない場合は、[Enter]キーを押すと表示されます。

[6] デバッガの起動

"xsbug" と入力し、デバッガを起動します。

はじめて起動するときは "ファイアウォールの警告" が表示されますので [アクセスを許可する] をクリックし、許可します。

ビルドに失敗していると、デバッガが起動できません。

[7] サンプルプログラムの実行

「helloworld」サンプルで、動作確認をします。

"x86 Native Tools Command Prompt for VS 2022" を起動して、入力します。

```
> cd %MODDABLE%¥examples¥helloworld
> mcconfig -d -m -p win
```

ビルドが終わると、「デバッガ」(xsbug) と「シミュレータ」(mcsim) が起動します。

シミュレータは、デバッガで動作を中断されているので、"応答なし" になっても大丈夫です。

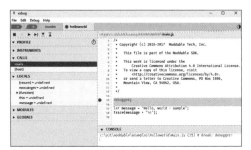

図3-10　デバッガ (xsbug) とシミュレータ (mcsim) の起動

xsbug の ▶ をクリックすると実行します。

デバッガの Console に "Hello, world - sample" と表示され、シミュレータが動作するようになります。

図3-11　デバッガとシミュレータの実行

■ESP32 Toolsのインストール

M5Stack BasicにはESP-32 MCUが使われています。

ModdableでESP32 MCUを動作させるためにESP32 Toolsのインストールが必要です。

手　順

[1] USB-UARTドライバのインストール

M5Stackのサイトからダウンロードして、インストールします。

https://docs.m5stack.com/en/download

ここで扱うM5Stack Basicは、CP210xが使われている機種なので、「CP210x_VCP_Windows」をダウンロードします。

ダウンロードしたファイルを展開し、フォルダ内のファイルを実行します。

表示されるメッセージに従って進めるとインストールが完了します。

[2] シリアルポートの確認

シリアルポートを調べます。

デバイス (M5Stack Basic) をPCに接続してから、「タスクバーの検索から探す」、もしくは「スタート」を右クリックして、デバイスマネージャーを起動します。

「ポート」に「Silicon Labs CP210x USB to UART Bridge(COMx)」とい

う項目があり、この「COMx」が、「シリアルポート番号」になります（xは任意の数字）。

シリアルポート番号は、デバイスによって変化します。

図3-12　シリアルポート番号

[3] ESP-IDFのインストール

ESP-IDF Windows Installer Downloadのサイトから「ESP-IDF v4.4.4 - Offline Installer Windows 10,11」をダウンロードします。

・ESP-IDF Windows Installer Download

https://dl.espressif.com/dl/esp-idf/?idf=4.4

> ※Moddableのページではv4.4.3と書かれていますが、ダウンロードできなくなったようです。v4.4.4でも問題ありません。

ダウンロードしたファイルを実行して、インストールを開始します。基本的には、メッセージに従って進めばインストールが完了します。

「インストール前のチェック」画面で、修正が必要な場合には、修正を促されます。修正する場合は、[Apply Fixes]をクリックします。

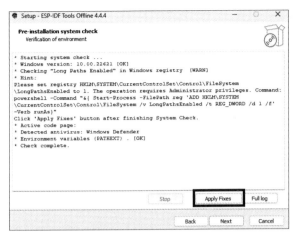

図3-13　[Apply Fixes]で修正

[4] ESP-IDFの環境設定

「Setup Wizard の完了」画面のあと、引き続き環境を設定します。

チェックしたままで[Finish]をクリックすると、コマンドプロンプトとPowerShellが立ち上がります。

プロンプトが表示されると設定は完了しているので、閉じます。

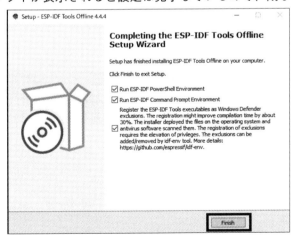

図3-14　[Finish]で設定完了

[5] 環境変数の設定

さらに、ユーザー環境変数にIDF_PATHを追加します。

セットアップ時に保存先を変更していれば変数値はそれに合わせてください。

変数名：IDF_PATH
変数値：C:\Espressif\frameworks\esp-idf-v4.4.4

ユーザー環境変数にIDF_TOOLS_PATHが存在しない場合は追加します。

セットアップ時に保存先を変更していれば変数値はそれに合わせてください。

変数名:IDF_TOOLS_PATH
変数値:C:\Espressif

---

[6] ESP-IDFの設定

ESP-IDFの設定を行ないます。

「x86 Native Tools Command Prompt for VS 2022」を開きます。

すでに開いている場合でも、変更した環境変数を有効にするため一旦閉じて、再度開く必要があります。

以下のコマンドを入力します。

```
> cd %IDF_PATH%
> %IDF_TOOLS_PATH%\idf_cmd_init.bat
> install.bat
```

[7] サンプルプログラムの実行

「x86 Native Tools Command Prompt for VS 2022」を開いて、実行します。

ビルドの途中でデバッガが起動しますが、デバイスに書き込みが完了するまで待ちます。

```
> cd %MODDABLE%\examples\helloworld
> %IDF_TOOLS_PATH%\idf_cmd_init.bat
> mcconfig -d -m -p esp32/m5stack
```

書き込みが終了したら、動作します。

helloworldサンプルでは、途中に中断が入っているので、デバッガの「開始ボタン」をクリックして再開します。

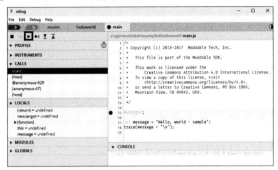

図3-15 「開始ボタン」で実行を再開する

実行が再開して、デバッガのConsoleに"Hello, world - sample"と表示されます。

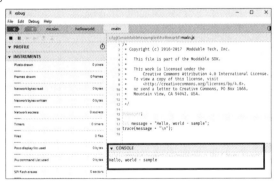

図3-16 実行の再開

コマンドプロンプトで [Ctrl] + [C] キーを２回押し、終わります。

ほかのサンプルも動かしてみましょう。

```
> cd %MODDABLE%¥examples¥piu¥balls
> %IDF_TOOLS_PATH%¥idf_cmd_init.bat
> mcconfig -d -m -p esp32/m5stack
```

■Moddable SDKの更新

Node-RED MCU Editionの更新にあわせて更新が必要な場合があります。
以下の方法で更新します。

手　順

[1]「x86 Native Tools Command Prompt for VS 2022」を開いて、クロー
ンしたリポジトリを更新。

```
> cd %MODDABLE%
> git pull
```

[2] ツールとデバッガを削除

```
> cd %MODDABLE%¥build¥makefiles¥win
> build clean
```

[3] Moddable SDK をビルド

```
> cd %MODDABLE%¥build¥makefiles¥win
> build
```

[4] サンプルプログラムで動作を確認

```
> cd %MODDABLE%¥examples¥helloworld
> mcconfig -d -m -p win
```

3-5 Node-RED MCU Edition

■Node-RED MCU Editionダウンロード

GitHubからリポジトリをダウンロードします。

コマンドプロンプトを起動し、以下を入力します。

```
> cd c:¥pjt
> git clone https://github.com/phoddie/node-red-mcu
```

■Node-RED MCU Editionの使用方法

Node-REDを起動して、簡単なフローを作ります。

このフローでは、「inject」ノードと「debug」ノードを使います。

「inject」ノードは、プロパティで日時 (タイムスタンプ) を2秒ごとに繰り返す設定にします。

図3-17 「inject」ノードの設定

2つのノードをつなぎます。

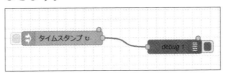

図3-18 ノードをつなぐ

PCのNode-REDで動作確認をしてみましょう。

[デプロイ]をクリックし、「デバッグ」タブを選択すると、2秒ごとに数値が表示されます。

図3-19　「デバッグ」タブ

以上のフローを、今度はデバイス(M5Stack Basic)で動かしてみましょう。

手　順

[1] フローを書き出す

　書き出すフローをタブで選び表示した状態にしておきます。

　メニュー■から[書き出し]をクリックします。

図3-20　書き出し

[現在のタブ]をクリックしたのちに、[ダウンロード]をクリックします。

図3-21　ダウンロード

[2] フローのコピー

ダウンロードした「flows.json」を、リポジトリをクローンしたフォルダ「C:¥pjt¥node-red-mcu」にコピーします。

ファイル名は必ず ”flows.json” にする必要があります。
既存のファイルがあれば上書きします。

[3] ビルドの実行

「x86 Native Tools Command Prompt for VS2022」を開き、実行します。

```
> cd ¥pjt¥node-red-mcu
> %IDF_TOOLS_PATH%¥idf_cmd_init.bat
> mcconfig -d -m -p esp32/m5stack
```

実行が開始されると、デバッガのLOG欄にデバッグ情報が表示されます。

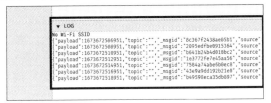

図3-22　デバッグ情報の表示

■Node-RED MCUの更新

手　順

[1] コマンドプロンプトを開く。

[2] クローンしたリポジトリを更新する。

```
> cd ¥pjt¥node-red-mcu
> git pull
```

　クローンしたリポジトリに変更がある場合は、変更を一旦退避して、更新後に再適用します。

```
> cd ¥pjt¥node-red-mcu
> git stash push
> git pull
> git stash pop
```

■MCUノードのインストール（更新）

Node-RED-MCUのMCUノードをインストール（更新）します。

インストールするとMCUタブが表示されNodeが増えます。

詳細は、「6. MCUノードの使い方」を参照してください。

```
> cd %USERPROFILE%¥.node-red
> npm install  c:¥pjt¥node-red-mcu¥nodes¥sensor
```

3-6 node-red-mcu-plugin

「node-red-mcu-plugin」をインストールすると、「MCU」タブが使えるようになり、とても便利です。

詳細は、「**第7章 MCU サイドパネル**」を参照してください。

■node-red-mcu-pluginのインストール

「Node.js commnad prompt」を開いて、「node-red-mcu-plugin」(安定版)をインストールします。

```
> cd %USERPROFILE%¥.node-red
> npm install @ralphwetzel/node-red-mcu-plugin
```

最新版をインストールするには、GitHubのアドレスから直接インストールします。

```
> cd %USERPROFILE%¥.node-red
> npm install https://github.com/ralphwetzel/node-red-mcu-
plugin.git
```

■node-red-mcu-pluginの使用方法

手 順

[1] Node-RED の起動

Node-RED の起動方法は変わりません。

「Node.js command prompt」を起動して "node-red" と入力します。

起動画面で Node-RED MCU Edition が組み込まれたことが判ります。

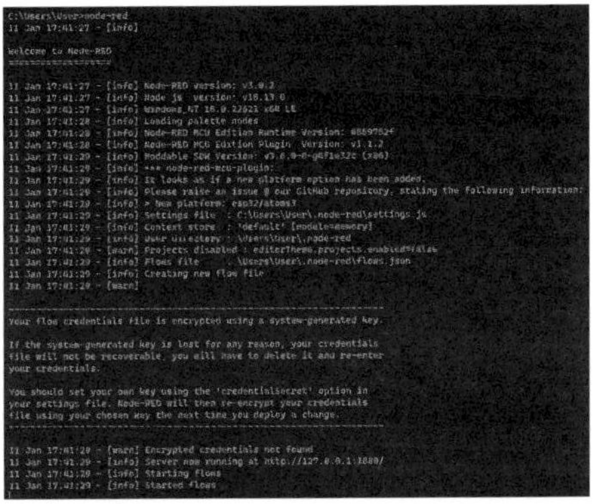

図3-23 「Node.js command prompt」で Node-RED の起動

サイドバーに[MCU]タブが増えています。

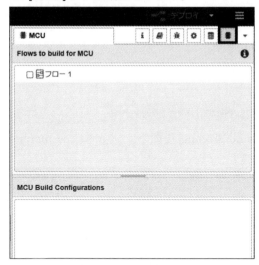

図3-24　タブが増えている

[2]「MCU」タブの設定とビルド方法

　Node-RED MCU Editionの使用方法で作った、簡単なフローを使います。

　[MCU] タブを開き、フロー1選択後、ターゲットをESP32 のesp32/m5stack に設定します。

　設定したら、[MCU] タブの [Build] をクリックします。

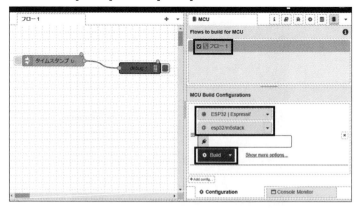

図3-25　[MCU]タブの[Build]をクリック

このフローをMCUでデプロイするので[Yes]をクリックします。

図3-26　MCUでデプロイ

[Console Monitor]に、ビルドの状況が表示されます。
ビルドが終わるとデバイスに書き込まれ、デバイスで実行が開始します。

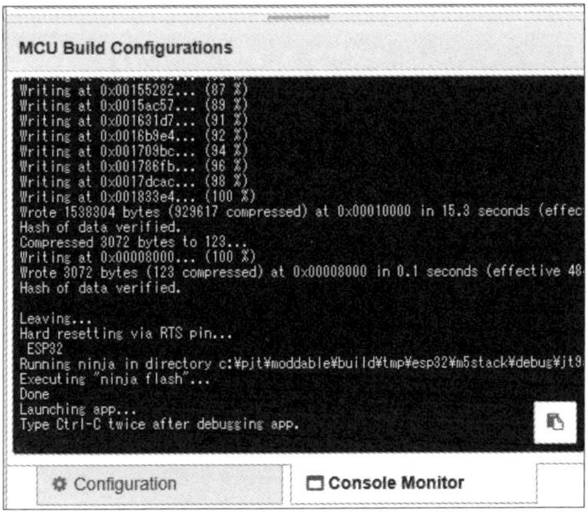

MCU Build Configurations

```
Writing at 0x00155282... (87 %)
Writing at 0x0015ac57... (89 %)
Writing at 0x001631d7... (91 %)
Writing at 0x0016b9e4... (92 %)
Writing at 0x001709bc... (94 %)
Writing at 0x001786fb... (96 %)
Writing at 0x0017dcac... (98 %)
Writing at 0x001833e4... (100 %)
Wrote 1538304 bytes (929617 compressed) at 0x00010000 in 15.3 seconds (effec
Hash of data verified.
Compressed 3072 bytes to 123...
Writing at 0x00008000... (100 %)
Wrote 3072 bytes (123 compressed) at 0x00008000 in 0.1 seconds (effective 48
Hash of data verified.

Leaving...
Hard resetting via RTS pin...
 ESP32
Running ninja in directory c:\pjt\moddable\build\tmp\esp32\m5stack\debug\jt9
Executing "ninja flash"...
Done
Launching app...
Type Ctrl-C twice after debugging app.
```

⚙ Configuration　　　　▢ **Console Monitor**

図3-27　デバイスでの実行

第4章

環境構築（Linux 編）

ここでは、Linuxでの環境構築について、解説します。

4-1 ソフトウェアの準備

本章で使うソフトウェアのバージョンは、以下の通りです。

- Ubuntu 22.04 LTS, または 20.04.01 LTS
- Node.js　18.13.0 LTS
- npm　9.4.0
- Node-RED 3.0.2

■Chrome のインストール

Node-REDを使うブラウザとしてChromeをインストールします。

```
$ cd ~/ダウンロード
$ wget https://dl.google.com/linux/direct/google-chrome-
stable_current_amd64.deb
$ sudo apt install ./google-chrome-stable_current_amd64.deb
```

■VS Code のインストール

エディタとして、VS Code をインストールします。

```
$ cd ~/ダウンロード
$ wget -q https://packages.microsoft.com/keys/microsoft.asc
-O- | sudo apt-key add -
$ sudo add-apt-repository "deb [arch=amd64] https://
packages.microsoft.com/repos/vscode stable main"
$ sudo apt update
$ sudo apt install code
```

■Node.js、npm のインストール

手　順

[1] 「curl」と「Node.js 18」のインストール

　まず curl をインストールし、curl を使って Node.js 18系をインストール
します。

```
$ sudo apt install -y curl
$ curl -fsSL https://deb.nodesource.com/setup_18.x | sudo
-E bash -
$ sudo apt install -y nodejs
```

[2] Node.js のバージョン確認

　インストールが完了したら Node.js のバージョンを確認します。

```
$ node -v
v18.13.0
```

[3] 「npm」のバージョン確認

　npm のバージョンを確認します。

```
$ npm -v
8.19.3
```

4-2 Node-REDのインストール

手 順

[1] インストールスクリプトの実行

Node-RED User Group のサイトにある、「Ubuntu」や「Raspberry Pi」用のインストールスクリプトを使って、Node-RED をインストールします。

・Node-RED User Group

https://nodered.jp/docs/getting-started/raspberrypi

```
$ bash <(curl -sL https://raw.githubusercontent.com/node-
red/linux-installers/master/deb/update-nodejs-and-nodered)
```

[2] 実行の確認

インストールスクリプトの処理中に、実行の確認を求められます。

```
Are you really sure you want to do this ? [y/N] ?
```

[y] を入力します。

[3] ノードのインストール確認

```
Would you like to install the Pi-specific nodes ? [y/N] ?
```

Raspberry Pi 用の GPIO などの各種ノードをインストールするかどうかを聞かれます。

Ubuntu の場合は、特にインストールしなくても大丈夫です。
[N] を入力します。

[4] 設定ファイルのカスタマイズ

```
Would you like to customise the settings now (y/N) ?
```

Node-RED の設定ファイルをカスタマイズするかどうかを聞かれます。
ここでは、カスタマイズせず進めるので、[N] を入力します。

　Node-RED をインストールしたコンピュータを外部のネットワークに公
開するような場合は、必ず設定ファイルを修正してセキュリティを有効に
してください。

```
Running Node-RED update for user mshioji at /home/mshioji on ubuntu

[sudo] mshioji のパスワード:

This can take 20-30 minutes on the slower Pi versions - please wait.

    Stop Node-RED                        ✓
    Remove old version of Node-RED       ✓
    Node option not specified            :    --node14, --node16, or --node18
    Leave existing Node.js               :    v18.13.0   Npm 9.4.0
    Clean npm cache                      -
    Install Node-RED core                ✓    3.0.2
    Move global nodes to local           -
    Leave existing nodes                 -
    Install extra Pi nodes               -
    Add shortcut commands                ✓
    Update systemd script                ✓




All done.
You can now start Node-RED with the command  node-red-start
  or using the icon under   Menu / Programming / Node-RED
Then point your browser to localhost:1880 or http://{your_pi_ip-address}:1880
```

図4-1　Node-REDのインストール

■Node-REDの起動/停止

Ubuntu では Node-RED は Service として動作するので、ターミナルから次のコマンドを実行して Node-RED を起動します。

```
$ sudo systemctl start nodered.service
```

chrome を開いてアドレスバーに「http://localhost:1880」を入力すると Node-REDのフローエディタが開きます。

図4-2　Node-REDの起動

Node-RED を停止するときは、ターミナルから次のコマンドを実行します。

```
$ sudo systemctl stop nodered.service
```

手動での起動/停止の他に、PC起動時に自動でNode-RED を起動する設定も可能です。

設定すると「Created symlink…」と表示されて、シンボリックリンクが作成されます。

```
$ sudo systemctl enable nodered.service
Created symlink /etc/systemd/system/multi-user.target.
wants/nodered.service → /lib/systemd/system/nodered.
service.
```

4-3 Moddable SDKのインストール

基本的には、GitHub Moddable SDK の手順に沿ってインストールを行ないます。

https://github.com/Moddable-OpenSource/moddable/blob/public/
documentation/Moddable%20SDK%20-%20Getting%20Started.md

手 順

[1]パッケージのインストール

SDKのコンパイルに必要なパッケージをインストールします。

```
$ sudo apt-get install gcc git wget make libncurses-dev
flex bison gperf
```

GTK+ 3 library の「Development Version」をインストールします。

```
$ sudo apt-get install libgtk-3-dev
```

[2] Projectsフォルダの作成

homeディレクトリにProjectsフォルダを作成し、Moddable SDK で使用するフォルダとします。

```
$ mkdir ~/Projects
```

※Moddable SDK はどこのディレクトリにでもインストールできますが、以下の説明は~/Projectsにあるものとして説明します。

[3] Moddable リポジトリのダウンロード

作ったProjectsフォルダに移動してModdable リポジトリをダウンロードします。

```
$ cd ~/Projects
$ git clone https://github.com/Moddable-OpenSource/moddable
```

[4] 環境変数を設定

nanoを使用して ~/.bashrc を編集し、Moddableの環境変数を設定します。

```
$ sudo nano ~/.bashrc
```

開いたら、ファイルの末尾に以下の環境変数を設定します。

　3つ目のPATHは、次のステップで必要になりますので先に一緒に入れ
ておきます。

```
MODDABLE=~/Projects/moddable
export MODDABLE
export PATH=$PATH:$MODDABLE/build/bin/lin/release
```

図4-3　環境変数を設定

[5]保存して終了

　編集が終了したら、[Ctrl]＋[O]キー、[Enter]で保存したあとに、[Ctrl]
＋[X]キーで抜けます。

■Moddable SDKのビルド

　設定した環境変数を有効にするために一度ターミナルを閉じて開き直し、ビ
ルドします。

```
$ cd $MODDABLE/build/makefiles/lin
$ make
```

■デバッガ「xsbug」とシミュレータ「mcsim」のインストール

デバッガ「xsbug」と、デスクトップシミュレータ「mcsim」をインストールします。

```
$ cd $MODDABLE/build/makefiles/lin
$ make install
```

インストールできたら、デバッガ「xsbug」を起動します。

xsbugを起動したターミナルはxsbugのプロセスが動作しているので、そのまま置いておきます。

```
$ xsbug
```

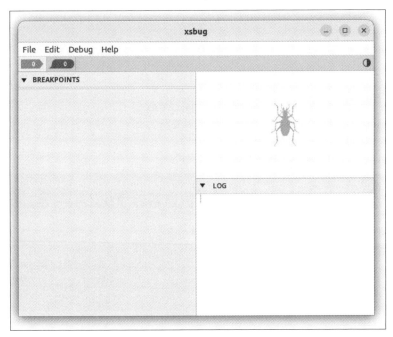

図4-4 「xsbug」のウィンドウが正しく開けばOK

■Moddable SDKの動作確認

Moddable SDKのexamplesに含まれる「Hello World」を使って、Moddable SDKが正しくインストールされて動作するようになっているかを確認します。

新しいターミナルを開いてプロジェクトフォルダに移動し、ビルドを行ないます。

```
$ cd $MODDABLE/examples/helloworld
$ mcconfig -d -m -p lin
```

デバッガ「xsbug」の画面が表示されて、breakpointで実行が一時停止された状態になります。

再生ボタンを押すと、「CONSOLE」に「Hello, world - sample」と表示されます。これが実行できればModdable SDK は正しく動作しています。

このときシミュレータ「mcsim」のウインドウも開きますが、閉じておきます。

■Moddable SDKの更新

Moddable SDKの新しいリリース版が公開されたときなどは、更新が必要になる場合があります。

その場合、下記のコマンドで更新します。

```
$ cd $MODDABLE
$ git pull
```

更新後は、Moddable SDKを再ビルドします。

```
$ cd $MODDABLE/build/makefiles/lin
$ make clean
$ make
$ make install
```

4-4 ESP32環境のインストール

ESP32を搭載したハードウェアを使用するために、ESP-IDFをインストールします。

この手順も基本的には、下記のドキュメントの手順に沿って行ないます。

https://github.com/Moddable-OpenSource/moddable/blob/public/
documentation/devices/esp32.md#lin-instructions

手 順

[1] パッケージのインストール

ESP-IDFのコンパイルに必要なパッケージを、インストールします。

```
$ sudo apt-get update
$ sudo apt-get install git wget flex bison gperf python-is-
python3 python3-pip python3-serial python-setuptools cmake
ninja-build ccache libffi-dev libssl-dev dfu-util
```

[2] esp32フォルダの作成

ESP-IDFのために、homeディレクトリ直下にesp32フォルダを作成します。

```
$ mkdir ~/esp32
```

[3] ESP-IDFリポジトリのダウンロード

作ったesp32フォルダに移動してESP-IDFリポジトリをダウンロードします。

v4.4.3を使います。

```
$ cd ~/esp32
$ git clone --recursive https://github.com/espressif/esp-
idf.git
$ cd esp-idf
$ git checkout v4.4.3
$ git submodule update --init -recursive
```

[4] ESP32ハードウェアの接続

ここで、ESP32を搭載したハードウェアをUSBケーブルで接続しておきます。

たとえばUSBチップにCP210xを搭載したデバイスなら下記で接続が確認できます。

接続したデバイスのポートがよく分からない場合は、後述のトラブルシューティングを参照してください。

```
$ ls /dev/ttyUSB*
```

[5] 環境変数を設定

nanoを使用して ~/.bashrc を編集し、ESP-IDFの環境変数を設定します。

```
$ sudo nano ~/.bashrc
```

開いたら、既存の内容の末尾に以下の環境変数を設定します。

2つ目の「source」の行は、ESP-IDF を使用するターミナルを開いたときに毎回実行が必要なシェルスクリプトなので、ここで自動実行するようにしておきます。

```
export IDF_PATH=$HOME/esp32/esp-idf
source $IDF_PATH/export.sh
```

[6] ESP-IDFのインストール

ESP-IDFのディレクトリに移動して、インストールスクリプトを実行します。

```
$ cd $IDF_PATH
$ ./install.sh
```

[7] ESP32の動作確認

Moddable SDK単体の動作確認と同じようにexamplesのhello worldを使用して、ESP32デバイスにソフトウェアが正しく書き込まれて動作するようになっているかを確認します。

新しいターミナルを開いてプロジェクトフォルダに移動し、ESP32用にビルドします。

実際のデバイス(ESP32 Devkit)で動かす場合は、以下のようにします。

```
$ cd $MODDABLE/examples/helloworld
$ mcconfig -d -m -p esp32/nodemcu
```

末尾のプラットフォームは、手持ちのデバイスによって書き換えて実行してください。

　ESP32を搭載したデバイスのプラットフォーム識別子の情報は、以下で確認できます。

https://github.com/Moddable-OpenSource/moddable/blob/public/
documentation/devices/esp32.md#platforms

　ビルドが完了してデバイスにコードが転送されると、デバイス上で実行が開始されます。

　Moddable SDKの単体動作確認と同様にデバッガ「xsbug」の画面が表示されて、breakpointで実行が一時停止された状態になります。

　step実行ボタンで処理を進めてコンソールに「Hello, world - sample」と表示されたら、ESP32に書き込まれたソフトウェアは正しく動作しています。

■トラブルシューティング

　もしUSBポートに接続したデバイスで問題があった場合は、下記を試してみてください。

●USBに接続したデバイスに接続できない/認識できない

①デバイスが正しく接続されて、ビルドのときに電源が供給されているか確認
②USBケーブルには給電のみのものがあります。通信ができるケーブルか確認
③コンピュータがデバイスを認識していないようなときは次の手順で確認
　デバイスを一旦外して、ターミナルで「ls /dev/ttyUSB*」を実行
　デバイスを接続し、同じコマンドを実行
　この操作で変化がない場合は、デバイスのドライバを確認してください。
　接続したときに増えたポートがあれば、認識はできています。
　「~/.bashrc」に下記を追加して、アップロードポートを指定してください。

```
export UPLOAD_PORT=/dev/<ttyUSB*>
```

④ターミナルからsudo dmesgを実行し、表示されるメッセージから接続されたポートを判断します。
　下記の場合は「ttyUSB0」です。

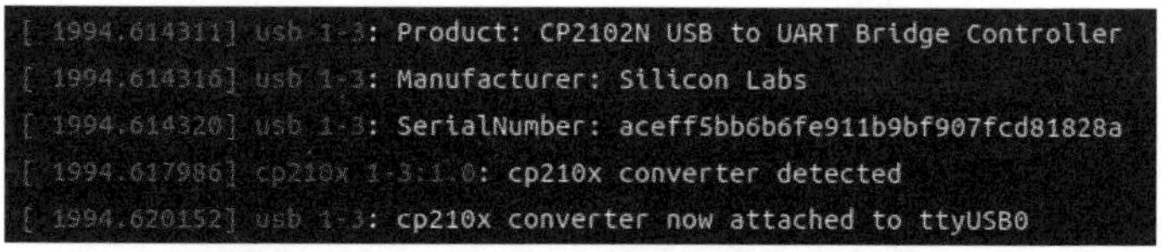

```
[ 1994.614311] usb 1-3: Product: CP2102N USB to UART Bridge Controller
[ 1994.614316] usb 1-3: Manufacturer: Silicon Labs
[ 1994.614320] usb 1-3: SerialNumber: aceff5bb6b6fe911b9bf907fcd81828a
[ 1994.617986] cp210x 1-3:1.0: cp210x converter detected
[ 1994.620152] usb 1-3: cp210x converter now attached to ttyUSB0
```

図4-5　sudo dmesgを実行して、ポートを判断

● **USBに接続するたびにデバイスのパーミッション設定が必要になってしまう**

「/lib/udev/rules.d/50-udev-default.rules」を編集します。

```
KERNEL=="tty[A-Z]*[0-9]|ttymxc[0-9]*|pppox[0-9]*|ircomm[0-
9]*|noz[0-9]*|rfcomm[0-9]*", GROUP="dialout"
```

この行の最後に、「MODE="0666"」を追加します。

```
KERNEL=="tty[A-Z]*[0-9]|ttymxc[0-9]*|pppox[0-9]*|ircomm[0-
9]*|noz[0-9]*|rfcomm[0-9]*", GROUP="dialout", MODE="0666"
```

4-5　Node-RED MCU Editionのインストール

Node-RED flow を元にデバイス上で実行できるコードを作って、デバイスに転送する Node-RED MCU Edition を Projects フォルダにインストールします。

```
$ cd ~/Projects/
$ git clone https://github.com/phoddie/node-red-mcu
```

Node-RED MCU Edition は後に示すプラグインをインストールすればその中にも含まれていますが、プラグインを使用せずに Node-RED MCU Edition 単体で利用するときはこちらを使います。

プラグインでサポートされていない機能はフローファイルを手動で編集し Node-RED MCU Edition 単体でビルドすることで利用できることがあり、状況に応じて使い分けます。

プラグインからのビルドのみを利用する場合、このステップは飛ばして進めても大丈夫です。

■node-red-mcu 単体での動作確認

手 順

[1] フローファイルの作成

「inject」ノードと「debug」ノードをつなげたフローを作成します。
「inject」ノードは、1秒ごとの繰り返し設定をします。

図4-6　動作確認用のフロー

図4-7　injectノードの設定

[2] フローを書き出し

右上の「メニュー」から「書き出し」を選択します。

図4-8　「メニュー」から「書き出し」を選択

「フローを書き出し」のダイアログが開くので、「現在のタブ」「JSON」「インデント付きのJSONフォーマット」を選択して「書き出し」ボタンを押します。

図4-9　フローを書き出し

　この操作で、さきほど作成したフローの情報がクリップボードにコピーされます。この内容をNode-RED MCUに渡すことで、Node-RED MCUはデバイスで実行可能なコードをビルドして、デバイスに書き込みます。

[3] Node-RED MCUの「flows.json」をVS Codeで開く

　VS Codeを起動し、「フォルダを選択」から、さきほどインストールした「Projects」フォルダ直下の「node-red-mcu」フォルダを選択します。

　このフォルダ内に、「flows.json」というファイルがあるので、それを開きます。初期状態では空のJSON ファイルになっています。

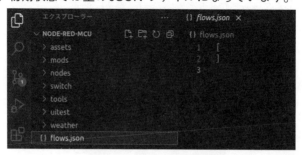

図4-10　flows.jsonを選択

このファイルに、さきほどNode-REDの「書き出し」でクリップボードにコピーしたフローをペーストします。

※先に入っていた "[" と "]" は消去してペーストしてください。

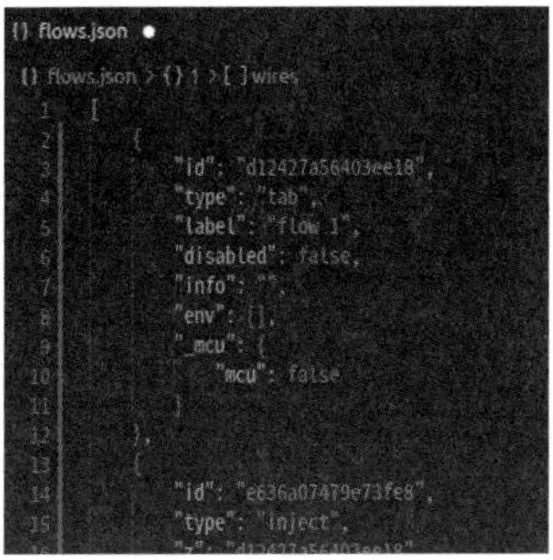

図4-11　flows.jsonに内容をペースト

保存して閉じたら、ビルドの準備は完了です。

[4] ビルドと書き込み

ターミナルを開いてNode-RED MCUのディレクトリに移動してビルドを実行します。

ビルドの際、ESP32環境のインストールの際と同様にターゲットデバイスごとにプラットフォーム、サブプラットフォームの指定が必要です。

使うデバイスの識別子に合わせて、置き換えてください。

```
$ cd ~/Projects/node-red-mcu
$ mcconfig -d -m -p esp32/nodemcu
```

ビルドが完了してデバイスにコードが転送されるとデバイス上で実行が開始されます。

デバッガが起動してLOGに「debug」ノードの情報が表示されたら正常に動作しています。

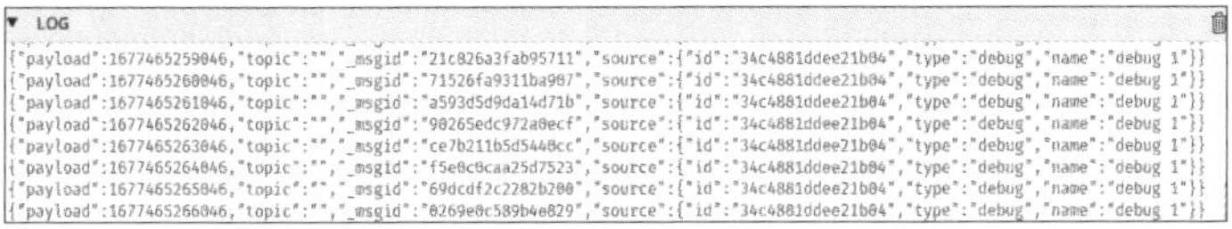

図4-12　実行結果

この動作確認では、クリップボードを経由してコピー&ペーストでNode-REDのフロー情報を「node-red-mcu」に渡しましたが、Node-REDフローの「フローを書き出し」ダイアログで「ダウンロード」ボタンを押すと、フローファイルがダウンロードフォルダに保存されます。

このファイルを「~/Projects/node-red-mcu/flows.json」のファイルと置き換えても同じことができます。(ファイル名はflows.jsonとしてください)

Node-RED MCU Editionには、sensorノードやGPIOを操作するdigital in/outノードなどデバイス上で使用するMCUノード群が含まれています。
このMCUノードのインストールは**6章**で説明しています。

■Node-RED MCUの更新

Node-RED MCUの新しいリリース版が公開されたときなどは、更新が必要になる場合があります。
その場合、下記コマンドでNode-RED MCUを更新します。

```
$ cd ~/Projects/node-red-mcu
$ git pull
```

以前にgit pullした後で、手元のリポジトリに変更がある場合は、git pullコマンドがエラーになるので、変更を一旦退避して、更新後に再適用します。

```
$ cd ~/Projects/node-red-mcu
$ git stash push
$ git pull
$ git stash pop
```

4-6　node-red-mcu-plugin

　node-red-mcu-pluginをインストールすると、Node-REDフローエディタを開いてサイドバーでフローをデバイス用にビルドし、ターゲットとなるデバイスに転送する一連の操作がbuildボタンを押すだけでできるようになります。

　ビルドするフローを選択したり、複数のビルド情報を保持できるので便利です。

手　順

[1] インストールスクリプトの実行

　ホームディレクトリの「.node-red」に移動してインストールします。

```
$ cd ~/.node-red
$ npm install @ralphwetzel/node-red-mcu-plugin
```

　最新版をインストールする場合は、以下のようにGitHubのアドレスを指定してインストールします。

```
$ cd ~/.node-red
$ npm install https://github.com/ralphwetzel/node-red-mcu-
plugin
```

[2] Moddableのパスを設定

　Node-REDが「service」として実行される場合、Node-RED は Moddable の環境変数にアクセスできないため、Node-RED の設定ファイル settings.js に Moddable のパスを設定します。

　まず、Moddable の正確なパスを確認して控えておきます。

```
$ echo $moddable
/home/<user>/Projects/moddable
```

　nano で Node-RED の設定ファイルを開きます。

```
$ nano ~/.node-red/settings.js
```

　ファイルの末尾に移動し、module.exports の「外側」にパスを追加します。

```
module.exports = {
[...]
}
process.env.MODDABLE = "/home/<user>/Projects/moddable"
```

[3] 保存して終了

　編集が終了したら、[Ctrl] + [O] キー、[Enter] で保存したあとに、[Ctrl] + [X] キーで抜けます。

[4] Node-RED の再起動

　ここまでの設定ができたら、Node-RED を再起動します。

```
$ systemctl restart nodered.service
```

■ node-red-mcu プラグインの動作確認

手　順

[1] フローファイルの作成

　node-red-mcu 単体で動作確認したフローと同じものを使って、プラグインの動作確認をします。

図4-13　単体動作確認のものと同じフロー

　フローエディタのサイドバーのプルダウンメニューから、追加した「Node-RED MCU」を選択します。

図4-14　Node-RED MCU を選択

Flows to build for MCU で、ビルドする対象となるフローのタブを選択します。

Node-RED
flow 1
MCU
Flows to build for MCU
flow 1
MCU Build Configurations
ノードの情報を表示
ヘルプ
デバッグメッセージ
設定ノードを表示
コンテキストデータ
Node-Red MCU
Dashboard
共通
inject
debug
complete
catch
status
link in
link call
link out
comment
タイムスタンプ
Configuration
Console Monitor
localhost:1880/#

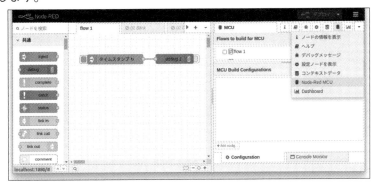

図4-15　フローのタブを選択

[2] ビルド開始前のデプロイ

ここで、ビルド開始前に改めてデプロイする必要があります。

デプロイすると、選択されたフローはスタンバイモードとなりデバイスの接続を待ちます（ビルドして転送したデバイスとの通信を行ない、操作や表示ができる状態になります）。

選択を解除してもう一度デプロイすると、スタンバイモードが解除されて通常のNode-REDのノードとして動作します。

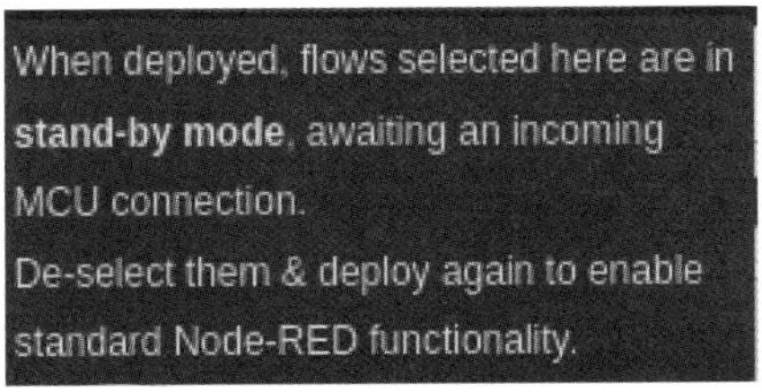

When deployed, flows selected here are in
stand-by mode, awaiting an incoming
MCU connection.
De-select them & deploy again to enable
standard Node-RED functionality.

図4-16　デプロイのメッセージ

[3] ビルドの設定

　次に、MCU Build Congfiguration の [Add config] ボタンを押してビルドを設定します。

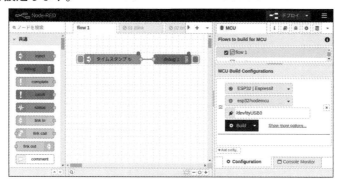

図4-17　ビルドの設定

　プルダウンメニューからプラットフォーム、サブプラットフォームを選択して、USB端子にデバイスを接続し、USBポートの設定を行ないます。

　デバイスが接続されている状態でフィールドをクリックし"/"のように入力を始めると候補が表示されます。

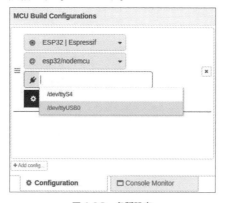

図4-18　各種設定

　この中に目的のMCUデバイスがあれば、それを選択します。
　ここまで設定し、「Build」ボタンを押すと、ビルドが開始されます。

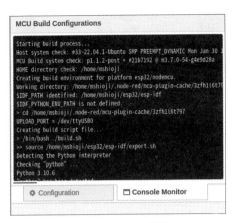

図4-19　ビルドの開始

　下部のタブでConsole Monitorを選択すると様子を見ることができます。
　もしエラーが発生してビルドが停止したときはここで状況を見ることができますので確認してください。

　ビルドと転送が完了して実行が開始されると、デバッガ「xsbug」に単体動作のときと同様のメッセージが表示されます。
　これが表示されていれば、正常に動作しています。

```
▼ LOG
{"payload":1677465259046,"topic":"","_msgid":"21c826a3fab95711","source":{"id":"34c4881ddee21b04","type":"debug","name":"debug 1"}}
{"payload":1677465260046,"topic":"","_msgid":"71526fa9311ba907","source":{"id":"34c4881ddee21b04","type":"debug","name":"debug 1"}}
{"payload":1677465261046,"topic":"","_msgid":"a593d5d9da14d71b","source":{"id":"34c4881ddee21b04","type":"debug","name":"debug 1"}}
{"payload":1677465262046,"topic":"","_msgid":"90265edc972a8ecf","source":{"id":"34c4881ddee21b04","type":"debug","name":"debug 1"}}
{"payload":1677465263046,"topic":"","_msgid":"ce7b211b5d5448cc","source":{"id":"34c4881ddee21b04","type":"debug","name":"debug 1"}}
{"payload":1677465264046,"topic":"","_msgid":"f5e0c0caa25d7523","source":{"id":"34c4881ddee21b04","type":"debug","name":"debug 1"}}
{"payload":1677465265046,"topic":"","_msgid":"69dcdf2c2282b200","source":{"id":"34c4881ddee21b04","type":"debug","name":"debug 1"}}
{"payload":1677465266046,"topic":"","_msgid":"0269e0c589b4e829","source":{"id":"34c4881ddee21b04","type":"debug","name":"debug 1"}}
```

図4-20　動作確認

　pluginを使うと、デバッガ「xsbug」と同じ情報がNode-RED フローエディタのサイドバーの「デバッグ」タブにも表示されます。

第**5**章

環境構築(Raspberry Pi編)

ここでは、「Raspberry Pi」を使った場合の、環境構築について説明します。

5-1　Raspberry Pi OSの設定

本章で使う環境とソフトウェアのバージョンは、以下の通りです。

・Raspberry Pi 4B (4GB)
・micro SDカード (32GB)
・Raspberry Pi Imager (1.7.3)
・Raspberry Pi OS with desktop (32bit 2023/2/21版)

手　順

[1] Raspberry Pi Imagerのダウンロード

Raspberry Pi Imagerをダウンロードしてインストールします。

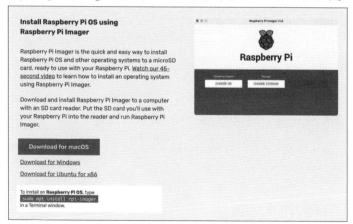

図5-1　Raspberry Pi Imager公式サイト

[2] Raspberry Pi OSのダウンロード
「Raspberry Pi OS with desktop（32bit 2023/2/21版）をダウンロード
します。

図5-2　ダウンロードページ

[3] SDカードへの書き込み
Raspberry Pi Imagerを起動し、以下の詳細な設定を行ないます。

・SSHを有効化
・piユーザのパスワード設定
・Wi-Fiの設定
・ロケール設定

図5-3　各種設定してから、保存する

最後に、SDカードにRaspberry Pi OSイメージファイルを書き込みます。

[4] Raspberry Pi OSの起動
SDカードを挿入し、Raspberry Pi OSを起動します。

5-2   Moddable SDKのインストール

Moddable SDKの導入手順に従って環境を構築します。

https://github.com/Moddable-OpenSource/moddable/blob/public/
documentation/Moddable%20SDK%20-%20Getting%20Started.md

手 順

[1] 必要なパッケージをインストール

piユーザでログインし、以下のコマンドを実行します。

```
$ sudo apt update
$ sudo apt upgrade
$ sudo apt install gcc git wget make libncurses-dev flex
bison gperf
$ sudo apt install libgtk-3-dev
```

[2] Moddable SDKのダウンロード

piユーザのホームディレクトリにダウンロードする前提で説明します。

```
$ git clone https://github.com/Moddable-OpenSource/moddable
```

[3] 環境変数を設定する

「~/.bashrc」ファイルに以下の設定を追加します。

```
export MODDABLE="/home/pi/moddable"
export PATH="$MODDABLE/build/bin/lin/release:$PATH"
```

環境変数を有効にするため、以下のコマンドを実行します。

```
$ source .bashrc
```

ターミナルを閉じて、新しくターミナルを開いても環境変数が有効になります。

[4] Moddable SDK をビルドする

「コマンドラインツール」「シミュレータ」「デバッガ」をビルドして、インストールします。

```
$ cd $MODDABLE/build/makefiles/lin
$ make
$ make install
```

[5] デバッガ(xsbug)を開く

xsbug コマンドでデバッガを起動します。

デバッガが正常に起動されることを確認したら、右上の「X」ボタンを押して終了します。

```
$ xsbug
```

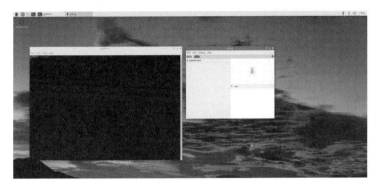

図5-4　デバッガの起動

[6] サンプルプログラムを実行

サンプルプログラム「helloworld」を実行すると、シミュレータ(mcsim)のウィンドウと、デバッガ(xsbug)が起動します。

```
$ cd ${MODDABLE}/examples/helloworld
$ mcconfig -d -m -p lin
```

図5-5　サンプルプログラムの実行

■Moddable SDKの更新

Moddable SDKの新しいリリース版が公開されたときなどは、更新が必要になる場合があります。

その場合、下記のコマンドで更新します。

```
$ cd ${MODDABLE}
$ git pull
```

更新後は、Moddable SDKを再ビルドします。

```
$ cd ${MODDABLE}/build/makefiles/lin
$ make clean
$ make
$ make install
```

5-3　ESP-IDFのインストール

M5StackなどのESP32マイコンデバイスで動作させるため、ESP32用のビルド環境を構築します。

手 順

[1] 必要なパッケージのインストール

aptコマンドで、ESP-IDFに必要なパッケージを事前にインストールします。

```
$ sudo apt install git wget flex bison gperf python-is-
python3 python3-pip python3-serial python-setuptools cmake
ninja-build ccache libffi-dev libssl-dev dfu-util
```

[2] ESP-IDFのインストール

piユーザーのホームディレクトリにダウンロード、インストールする方法で説明します。

ESP-IDFのリポジトリをダウンロードします。

```
$ mkdir esp32 && cd esp32
$ git clone --recursive https://github.com/espressif/esp-
idf.git
$ cd esp-idf
$ git checkout v4.4.3
$ git submodule update --init --recursive
```

[3] ESP-IDF をビルド、インストールする

install.sh コマンドを実行して ESP-IDF をビルド、インストールします。

```
$ export IDF_PATH=$HOME/esp32/esp-idf
$ cd $IDF_PATH
$ ./install.sh
```

[4] ESP-IDF のビルド環境を設定する

「~/.bashrc」ファイルに以下の設定を追加します。

```
export IDF_PATH=$HOME/esp32/esp-idf
source $IDF_PATH/export.sh
```

環境変数を有効にするため、さらに以下のコマンドを実行します。

```
$ source .bashrc
```

いったんターミナルを閉じてから新しく開いても、環境変数が有効になります。

[5] M5Stack を接続し、シリアルポート番号を確認

M5Stack(ESP32 マイコンデバイス) を接続し、認識されたシリアルポート番号を確認します。

```
$ ls /dev/ttyUSB*
/dev/ttyUSB0
```

ATOMS3 などはシリアルポート番号が異なるので注意が必要です。(リセットボタンを長押し(約2秒)で書き込みモードに変更した時)

```
$ ls /dev/ttyACM*
/dev/ttyACM0
```

認識されたシリアルポート番号を環境変数(UPLOAD_PORT)に設定します。

```
$ export UPLOAD_PORT=/dev/ttyUSB0
```

mcconfig コマンドを実行する時に指定することもできます。

例：M5StickC Plus の場合

```
$ UPLOAD_PORT=/dev/ttyUSB0 mcconfig -d -m -p esp32/m5stick_
cplus
```

[6] サンプルプログラムを実行する

piu/ballsのサンプルプログラムをビルドし、書き込みます。

```
9$ cd ${MODDABLE}/examples/piu/balls
$ UPLOAD_PORT=/dev/ttyUSB0 mcconfig -d -m -p esp32/m5stick_
cplus
```

正常にビルドが完了するとデバイスへの書き込みが行なわれます。
Raspberry Piの画面では、デバッガが起動します。

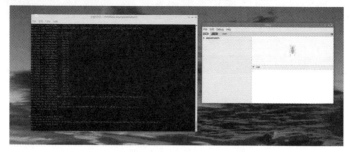

図5-6　サンプルプログラムの実行

デバイス(M5StickC Plus)の液晶ディスプレイでは、ボールが動く様子
を確認できます。

5-4　Node-REDのインストール

　Node-RED MCU Editionは、Node-REDフローエディタからJSON形式で
エクスポートされたフローを、Moddable SDKのXS JavaScriptエンジンで動
作する形式へ変換します。

　Node-REDフローエディタ上でMCU用にビルド、実機へ書き込めるツール
(node-red-mcu-plugin)を利用する方が楽です。

　Node.js (v18.x)の環境でNode-REDを動作させる前提条件で、Node-RED
MCU Edition用の環境を作成する手順を説明します。

手　順

[1] Node.jsのインストール

　Node.js 18.x系をインストールします。

```
$ curl -fsSL https://deb.nodesource.com/setup_18.x | sudo
-E bash -
$ sudo apt install -y nodejs
```

　以下のコマンドでバージョンを表示して、動作を確認します。

```
$ node -v
v18.14.2
$ npm -v
9.5.0
```

[2] Node-RED をインストールする

　Node-RED をインストールします。

```
$ bash <(curl -sL https://raw.githubusercontent.com/node-
red/linux-installers/master/deb/update-nodejs-and-nodered)
```

　インストール途中で質問をされます。

```
Are you really sure you want to do this ? [y/N] ?
```
　インストールを実行するかどうか、"y"を入力します。

```
Would you like to install the Pi-specific nodes ? [y/N] ?
```
　Raspberry Pi用の専用ノードをインストールするかどうか、"y"を入力します。

```
Would you like to customise the settings now (y/N) ?
```
　設定ファイルをカスタマイズするかどうか、"N"を入力します。

[3] Node-RED を起動する

　以下のコマンドでNode-REDをサービスとして起動します。

```
$ sudo systemctl start nodered.service
```

　ブラウザで「http://localhost:1880」へアクセスし、フローエディタが表示されることを確認します。

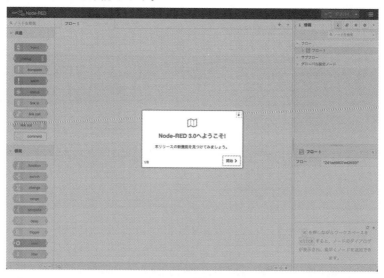

図5-7　Node-RED起動

　以下のコマンドでNode-REDを停止します。

```
$ sudo systemctl stop nodered.service
```

　また、以下のコマンドでNode-REDを再起動します。

```
$ sudo systemctl restart nodered.service
```

[4] OS起動時にNode-REDを自動起動する

OS起動時にNode-REDを起動させたい場合、以下のコマンドを実行することでサービスを自動起動させることができます。

```
$ sudo systemctl enable nodered.service
```

起動時の自動立ち上げを無効にするには、以下のコマンドを実行します

```
$ sudo systemctl disable nodered.service
```

[5] node-red-mcu-pluginをインストールする

Node-REDを停止し、node-red-mcu-pluginをインストールします。

```
$ cd ~/.node-red
$ npm install @ralphwetzel/node-red-mcu-plugin
```

最新版をインストールする場合は、以下のコマンドを実行します。

```
$ npm install https://github.com/ralphwetzel/node-red-mcu-plugin
```

Node-REDをサービスとして起動する場合、$MODDABLE環境変数にアクセスできないため、エディタでsettings.jsファイルの最後に以下の設定を追加します。

```
process.env.MODDABLE = "/home/pi/moddable"
```

```
$ cd ~/.node-red
(nanoコマンドでsettings.jsファイルを変更する例)
$ nano settings.js
(省略)
}
process.env.MODDABLE = "/home/pi/moddable"
```

[6] フローを作成しビルドする

フローエディタのワークスペースでフローを作成して、サイドバーの「MCU」タブで対象のフローを選択します。

その後、「MCU Build Configurations」タブにある「Add config」ボタンを押して、デバイス設定を追加します。

ターゲットデバイスを指定して「Build」ボタンを押すと、フローのビルドとデバイスへの書き込みが行なわれます。

図5-8　フローの作成

　MCUタブの「Console Monitor」タブでフローのビルドとデバイスへの書き込み状況を確認できます。

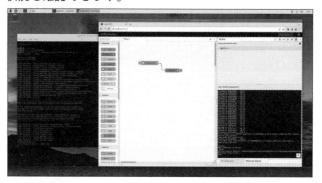

図5-9　書き込み状況の確認

node-red-mcu-pluginからデバッガ(xsbug)が起動されます。

図5-10　デバッガの起動

第6章

MCUノードの使い方

フローエディタの左側のパレットに表示される「MCU」カテ
ゴリのノードの使い方について、解説します。

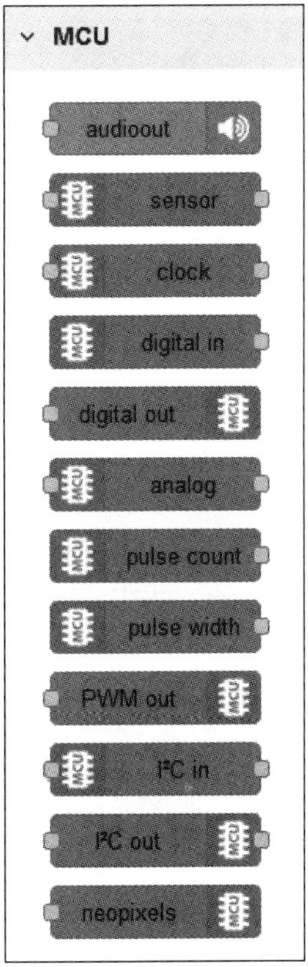

図6-1　MCUノード

6-1　MCUノードをインストールする

node-red-mcu-plugin（以後、Pluginと表記します。）をインストールすると、node-red-mcuもダウンロードされるため、それを利用してインストールします。

■MCUノードのインストール

・macOS, Linux, Raspberry Piの場合

```
$ cd ~/.node-red
$ npm install node_modules/\@ralphwetzel/node-red-mcu-
plugin/node-red-mcu/nodes/mcu
```

・Windowsの場合

```
> cd %USERPROFILE%¥.node-red
> npm install node_modules¥@ralphwetzel¥node-red-
mcuplugin¥node-red-mcu¥nodes¥mcu
```

■「audioout」ノードのインストール

必要に応じて「audioout」ノードを追加インストールします。

「audioout」ノードに関しては「9-4　「audioout」ノードで音声ファイルを再生」を参照してください。

・macOS, Linux, Raspberry Piの場合

```
$ cd ~/.node-red
$ npm install node_modules/\@ralphwetzel/node-red-mcu-
plugin/node-red-mcu/nodes/audioout
```

・Windowsの場合

```
> cd %USERPROFILE%¥.node-red
> npm install node_modules¥@ralphwetzel¥node-red-mcu-plugin¥
node-red-mcu¥nodes¥audioout
```

6-2 「sensor」ノード

温湿度センサや加速度センサなどを使う場合、「sensor」ノード を使用します。

図6-2 「sensor」ノード

「sensor」ノードは「ECMA-419 Sensor Class Pattern」に準拠した、センサ クラス をサポートしています。

- Accelerometer
- Ambient light
- Atmospheric pressure
- Humidity
- Proximity
- Temperature
- Touch

「ECMA」とは、情報通信技術の標準を策定している「欧州電子計算機工業会」です。

「ECMAScript」とは、ECMAによって標準化されたJavaScriptなどの元の規格となった言語です。

ECMAScriptに関する規格は以下のとおりです。

・ECMA-262　　language specification
・ECMA-402　　internationalization API specification
・ECMA-414　　specification suite
・ECMA-419　　embedded systems API specification

サポートされているセンサの種類は「sensor」ノードのプルダウンメニューから確認できます。

M5Stack製品でサポートされている例は、以下の通りです。

・マイコンデバイス

・ M5Stack Gray (MPU9250) (傾き・加速度・磁気 9 軸センサ)
・ M5Stack Fire (MPU6886) (傾き・加速度 6 軸センサ)
・ M5Stack Core2 (MPU6886) (傾き・加速度 6 軸センサ)
・ M5StickC (MPU6886) (傾き・加速度 6 軸センサ)
・ M5StickC Plus(MPU6886) (傾き・加速度 6 軸センサ)
・ M5Atom Matrix (MPU6886) (傾き・加速度 6 軸センサ)
・ ATOMS3 (MPU6886) (傾き・加速度 6 軸センサ)

・センサデバイス

・ M5 ENV Ⅲ Unit (SHT30) (温度・湿度)
・ M5 ENV Ⅱ Unit (SHT30/BMP280) (温度・湿度 / 気圧センサ)
・ M5 ENV Unit (BMP280) (気圧センサ)
・ M5 ENV Hat Ⅲ (SHT30) (温度・湿度)
・ M5 ENV Hat Ⅱ (SHT30/BMP280) (温度・湿度 / 気圧)
・ M5 ENV Hat (BMP280) (気圧)
・ M5 Unit NCIR MLX90614 (非接触温度センサ)

> ※ Unit や Hat は搭載されているセンサのうち、サポートされているセンサのみ
> を記載しています。

■「sensor」ノードの動作確認状況

以下は、マイコンセンサとの組み合わせで動作を確認できた例です。

表6-1　マイコンセンサの組み合わせ例

センサ	M5StickC M5StickC Plus ※1	M5Stack Basic ※2	M5Stack Gray ※3	M5Stack Core2 ※4
MPU6886	○	―	―	○
MPU9250	―	―	○ ※5	―
SHT30	○	○	○	○
BMP280	○	○	○	○
MLX90614	○	○	○	○

※1 M5StickC、M5StickC Plus の Bus の default は Grove ポートで GPIO(SDA:G32、SCL:G33) を使用。Bus の internal は GPIO ポート (SDA:G21、SCL:G22) を使用。
※2 M5Stack Basic の Bus の default は Grove ポートで GPIO(SDA:G21、SCL:G22) を使用。
※3 M5Stack Gray の Bus の default(Grove ポート) と internal は共通で GPIO(SDA:G21、SCL:G22) を使用。
※4 M5Stack Core2 の Bus の default は Grove ポートで GPIO(SDA:G32、SCL:G33) を使用。Bus の internal は GPIO ポート (SDA:G21、SCL:G22) を使用。
※5 出荷時期により MPU6886 が搭載された製品もあります。

■プロパティ

図6-3 「sensor」ノードのプロパティ

Name	オブジェクトの名前。
Sensor	デバイスを選択
I/O	"Bus","Pins"から選択
	(Bus)Bus Name　デバイスのBUS名
	(Pins)Data　　　I2CのDataピン番号
	(Pins)Clock　　 I2CのClockピン番号
Speed	Busのスピード
Address	デバイスのI2Cアドレス
Configure	設定を入力
INTERRUPT,RESETなど	デバイス依存の項目

■msgプロパティ

●出力

センサ値が出力されます。出力形式はセンサによって異なります。

■サンプル

　M5StickC PlusにM5 Env.III Sensor Unit を使用し、温度湿度を計測する例を示します。M5 ENV.III Sensor Unit には温湿度センサにSHT30(0x44)、気圧センサに QMP6988(0x70) が利用されていますが、SHT30のみの使用例になります。

6-2-Examples_Sensor_Node.json

●フロー

図6-4　sensorのフロー

　「inject」「sensor」「debug」ノードを利用します。
　「inject」ノードで定期的なイベントを起こし、計測するタイミングを生成します。
　「sensor」ノードで温度と湿度を計測し、「debug」ノードに渡します。

●「inject」ノードのプロパティ

　「繰り返し」を"1秒間隔"にします。

●「sensor」ノードのプロパティ

　M5 ENV.III Sensor Unit には温湿度センサにSHT30(0x44) を使用しているので、Sensorは、"Sensirion SHT3x"にします。

　M5StickC Plus の Grove に接続するので、I/O は "I2C BUS"、BUS Name は "Default"にします。

Addressは、SHT30のアドレスの"0x44"にします。

図6-5 「sensor」ノードのプロパティの設定

■実行結果

msg.payload.hygrometer.humidity に湿度、msg.payload.thermometer. temperatureに温度のデータが出力されています。

図6-6 サンプルの実行結果

6-3 「clock」ノード

「RTC」(Real Time Clock)を利用する時に使います。

図6-7 「clock」ノード

■プロパティ

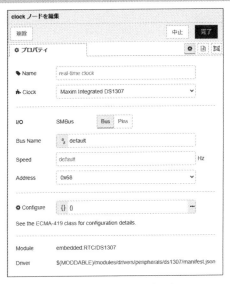

図6-8 「clock」ノードのプロパティ

Name	オブジェクトの名前
Clock	RTCデバイスを選択
I/O	「Bus」「Pins」から選択
	(Bus)Bus Name　デバイスのBUS名
	(Pins)Data　　　I2CのData番号
	(Pins)Clock　　　I2CのClock番号
Speed	Busのスピード
Address	デバイスのI2Cアドレス
Configure	設定

●入力

msg.payload　　時刻を数値で入力します。（msg.payloadの出力はありません。）

●出力

msg.payload　　時刻を数値で返します。

■**サンプル**

　M5Core Coreink には、BM8563が内蔵されています。
　以下のサンプルで使用例を示します。

6-3-Examples_Clock.json

●フロー

　「inject」ノードを2つ、「clock」「debug」ノードを使います。
　「clock」ノードは1つしか置けません。

　上の「inject」ノードは実行開始直後にタイムスタンプを出力し、「clock」ノードでRTCを設定します。
　下の「inject」ノードは定期的に実行し、「clock」ノードから日時を数値で出力し、「debug」ノードに渡します。

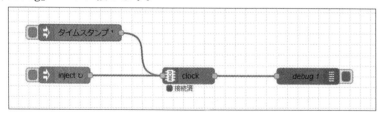

図6-9　サンプルのフロー

●上の「inject」ノードのプロパティ

msg.payloadを"日時"にします。
起動の0.1秒後に実行するようにします。

図6-10 上の「inject」ノードのプロパティ

●下の「inject」ノードのプロパティ

msg.payloadは削除します。
起動の1秒後から1秒間隔で実行するようにします。

図6-11 下の「inject」ノードのプロパティ

●「clock」ノードのプロパティ

clockは使用するデバイスの"M5Core Ink"にします。

図6-12　「clock」ノードのプロパティ

■実行結果

数値型の時刻は「1ms単位」です。payloadの値は「1000」ずつ増えた値が出力されます。

```
"topic":"","_msgid":"c2f874bb10a5b111","payload":1675127683000,"source":{"id":"55eea2794190d042","type":"debug","name":"debug 1"}}
"topic":"","_msgid":"d87d731127279829","payload":1675127684000,"source":{"id":"55eea2794190d042","type":"debug","name":"debug 1"}}
"topic":"","_msgid":"12ae8fcd9ae794c5","payload":1675127685000,"source":{"id":"55eea2794190d042","type":"debug","name":"debug 1"}}
"topic":"","_msgid":"ed644fca9c131859","payload":1675127686000,"source":{"id":"55eea2794190d042","type":"debug","name":"debug 1"}}
"topic":"","_msgid":"636eeb939d320c53","payload":1675127687000,"source":{"id":"55eea2794190d042","type":"debug","name":"debug 1"}}
"topic":"","_msgid":"2e8230d5231ab750","payload":1675127688000,"source":{"id":"55eea2794190d042","type":"debug","name":"debug 1"}}
"topic":"","_msgid":"a3beb8b2efe6af25","payload":1675127689000,"source":{"id":"55eea2794190d042","type":"debug","name":"debug 1"}}
"topic":"","_msgid":"9f2c1af9cb339f73","payload":1675127690000,"source":{"id":"55eea2794190d042","type":"debug","name":"debug 1"}}
"topic":"","_msgid":"666a4d078bc5ff55","payload":1675127691000,"source":{"id":"55eea2794190d042","type":"debug","name":"debug 1"}}
"topic":"","_msgid":"112e5c748fa0ce91","payload":1675127692000,"source":{"id":"55eea2794190d042","type":"debug","name":"debug 1"}}
"topic":"","_msgid":"d017c6f1fb75ee05","payload":1675127693000,"source":{"id":"55eea2794190d042","type":"debug","name":"debug 1"}}
"topic":"","_msgid":"f54d77905ab6c0a1","payload":1675127694000,"source":{"id":"55eea2794190d042","type":"debug","name":"debug 1"}}
"topic":"","_msgid":"718efa9995c54627","payload":1675127695000,"source":{"id":"55eea2794190d042","type":"debug","name":"debug 1"}}
"topic":"","_msgid":"c6fddda6b78b0ed1","payload":1675127696000,"source":{"id":"55eea2794190d042","type":"debug","name":"debug 1"}}
"topic":"","_msgid":"5c45214aac6ea2c1","payload":1675127697000,"source":{"id":"55eea2794190d042","type":"debug","name":"debug 1"}}
"topic":"","_msgid":"5eb9da5262c4eb5c","payload":1675127698000,"source":{"id":"55eea2794190d042","type":"debug","name":"debug 1"}}
"topic":"","_msgid":"fb16ab0a154f49ed","payload":1675127699000,"source":{"id":"55eea2794190d042","type":"debug","name":"debug 1"}}
"topic":"","_msgid":"d2e8f3be68f890bd","payload":1675127700000,"source":{"id":"55eea2794190d042","type":"debug","name":"debug 1"}}
"topic":"","_msgid":"bf2e22ba7d1987df","payload":1675127701000,"source":{"id":"55eea2794190d042","type":"debug","name":"debug 1"}}
"topic":"","_msgid":"259faab2be2b70a2","payload":1675127702000,"source":{"id":"55eea2794190d042","type":"debug","name":"debug 1"}}
```

図6-13　「clock」ノードの実行結果

6-4 「digital in」ノード

デジタル入力を使いたい時に利用します。

図6-14 「digital in」ノード

■プロパティ

図6-15 プロパティ

Name	オブジェクトの名前
Pin	ピン番号(数値)
Mode	「Input」「Input Pull Up」「Input PullDown」「Input PullUp Down」から選択
Edge	「Rising」「Falling」「Rising & Falling」から選択
Debounce	デバウンス時間
Read initial state of pin on restart?	再起動時に初期状態を読み取り動作
Invert	値を反転

■サンプル

M5Atom Matrixの、前面ボタンを利用する例を示します。

【サンプル】

6-4-Examples_DigitalIn.json

●フロー

「digital in」「debug」ノードを使用します。

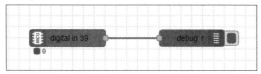

図6-16　サンプルのフロー

●「digital in」ノードのプロパティ

「Pin」は、M5Atom Matrixの前面スイッチがGPIO39につながっているので "39"。

「Mode」は、"Input Pull Up"。

「Edge」は、"Falling"にします。

図6-17　「digital in」ノードのプロパティ

●実行結果

ボタンが押されたタイミングで、payloadに "0" で出力されます。

```
▼ LOG
{"payload":0,"topic":"gpio/39","_msgid":"46b44d9d2c3e5c23","source":{"id":"864e1357cb4951d6","type":"debug","name":"debug 1"}}
{"payload":0,"topic":"gpio/39","_msgid":"52916231e5160b20","source":{"id":"864e1357cb4951d6","type":"debug","name":"debug 1"}}

{"payload":0,"topic":"gpio/39","_msgid":"402a966d6c2e96b3","source":{"id":"864e1357cb4951d6","type":"debug","name":"debug 1"}}
{"payload":0,"topic":"gpio/39","_msgid":"6995a85292a86910","source":{"id":"864e1357cb4951d6","type":"debug","name":"debug 1"}}
{"payload":1,"topic":"gpio/39","_msgid":"88c11f5c6d38d838","source":{"id":"864e1357cb4951d6","type":"debug","name":"debug 1"}}
{"payload":0,"topic":"gpio/39","_msgid":"3e5d495d151d23ab","source":{"id":"864e1357cb4951d6","type":"debug","name":"debug 1"}}
{"payload":0,"topic":"gpio/39","_msgid":"04c93d7f2d060fe0","source":{"id":"864e1357cb4951d6","type":"debug","name":"debug 1"}}
{"payload":0,"topic":"gpio/39","_msgid":"182956251b16ea5e","source":{"id":"864e1357cb4951d6","type":"debug","name":"debug 1"}}
{"payload":0,"topic":"gpio/39","_msgid":"36cdb2d920f7f180","source":{"id":"864e1357cb4951d6","type":"debug","name":"debug 1"}}
{"payload":0,"topic":"gpio/39","_msgid":"d42ce67c459bc518","source":{"id":"864e1357cb4951d6","type":"debug","name":"debug 1"}}
{"payload":0,"topic":"gpio/39","_msgid":"40a207445867a679","source":{"id":"864e1357cb4951d6","type":"debug","name":"debug 1"}}
{"payload":0,"topic":"gpio/39","_msgid":"f5eb6e273cb1066f","source":{"id":"864e1357cb4951d6","type":"debug","name":"debug 1"}}
```

図6-18　サンプルの実行結果

6-5 「digital out」ノード

デジタル出力を使いたい時に利用します。

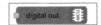

図6-19 「digital out」ノード

■プロパティ

図6-20 「digital out」ノードのプロパティ

Name	オブジェクトの名前
Pin	ピン番号(数値)
Mode	「Output」「Output Open Drain」から選択
Initial State	「As-Is」「Low(0)」「High(1)」から選択
Invert	出力を反転

■msgプロパティ(入力)

msg.payload	出力値

■サンプル①

M5StickC Plus のLEDを点滅させる例を示します。

M5StickC PlusのLEDは、"1"が消灯で、"0"が点灯になります。

【サンプル】

6-5-Examples_DigitalOut_1.json

●フロー

「inject」ノードを2つと「digital out」ノードを使用します。

2つ「inject」ノードを配置し、開始時間を変え定期的にイベントを発生することで、「digital out」ノードに"0"と"1"を交互に入力します。

「digital out」ノードで入力された値でLEDが"ON""OFF"するので、点滅になります。

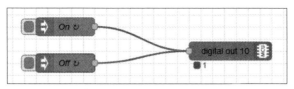

図6-21　サンプル①のノード

●上段の「inject」ノードのプロパティ

payloadは、「digital out」ノードを出力するので"1"にします。

起動の0.5秒後に1秒間隔で繰り返すようにします。

図6-22　上段の「inject」ノードのプロパティ

●下段の「inject」ノードのプロパティ

payloadは、「digital out」ノードからLowを出力するので"0"にします。
起動の1秒後に1秒間隔で繰り返すようにします。

図6-23　下段の「inject」ノードのプロパティ

●「digital out」ノードのプロパティ

M5StickC PlusのLEDがGPIO10に接続されているので、Pinを"10"に設
定します。

図6-24　「digital out」ノードのプロパティ

　M5StickC Plusでボタンを押したらLEDが点灯、離したら消灯する例を示します。

【サンプル】

6-5-Examples_DigitalOut_2.json

●フロー

　「digital in」「digital out」ノードを使います。

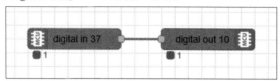

図6-25　サンプル②のノード

●「digital in」ノードのプロパティ

　「Pin」はM5StickC Plusの前面ボタンがGPIO37に接続されているので"37"。
「Mode」は"Input Pull Up"。
「Edge」はOnとOff両方で必要なので"Rising & Falling"にします。

図6-26　「digital in」ノードのプロパティ

●「digital out」ノードのプロパティ

「Pin」はM5StickC PlusのLEDがGPIO10に接続されているので"10"。
「Mode」は出力するので"Output"。
「Initial State」は初期状態で消灯が望ましいので"HIGH(1)"にします。

図6-27 「digital out」ノードのプロパティ

■サンプル③

M5StickC PlusとUNIT PIR (人感センサ)を接続した例を示します。
人感センサが感知するとLEDがすぐに点灯し、感知が終わると「delay」ノードを経由して、少し間をおいてから消灯する例になります。

図6-28 Unit PIR

【サンプル】

6-5-Examples_DigitalOut_3.json

●フロー

「digital in」「function」「delay」「digital out」ノードを利用します。

人感センサの出力はデジタル出力なので「digital in」ノードで値を取得します。

「function」ノードで"On"と"Off"の場合分けを行ない、"On"の場合は、すぐに「digital out」ノードで出力し、LEDを点灯します。

　"Off"の場合は、「delay」ノードを経由し、少し時間が過ぎた後に「digital out」ノードで、LEDを消灯します。

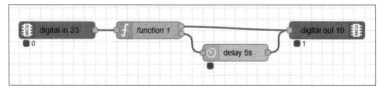

図6-29　サンプル③のフロー

●「digital in」ノードのプロパティ

　M5StickC Plusと人感センサを、GPIO33（Grove）を使って接続するのでPinは"33"にします。

　Edgeは"On"が"Off"に切り替わったタイミングが必要なので"Rising & Falling"にします。

図6-30　「digital in」ノードのプロパティ

●「function」ノードのプロパティ

設定タブで出力数を"2"にします。

コードタブは入力が1,0の時に違うところから出力されるようにします。

M5StickC Plusの内蔵LEDは"1"で消灯、"0"で点灯になります。

「点灯」「消灯」で、それぞれから出力させます。

```
if(msg.payload == 1){
    msg.payload = 0;
    return [msg,null];
}
if (msg.payload == 0) {
    msg.payload = 1;
    return [null, msg];
}
```

図6-31 「function」ノードのプロパティ

●「delay」ノードのプロパティ

「時間」を"5秒"にします。

図6-32 「delay」ノードのプロパティ

●「digital out」ノードのプロパティ

M5StickC Plusの内蔵LEDはGPIO10に接続されているので、Pinを"10"にします。

「Initial State(初期値)」は"消灯(1)"にします。

図6-33 「digital out」ノードのプロパティ

6-6 「analog」ノード

アナログ入力を使用する時に利用します。

図6-34 「analog」ノード

■プロパティ

図6-35 「analog」ノードのプロパティ

Name   オブジェクトの名前
Pin   ピン番号（数値）
Resolution 分解能。

■msgプロパティ（出力）

msg.resolution 分解能
msg.payload   値（0〜1）

■サンプル

　M5StickC Plus に M5 Angle Sensor（ポテンショメータ）を接続した例を示します。

図6-36　M5 Angle Sensor

【サンプル】

6-6-Examples_Analog.json

●フロー

　「inject」「analog」「debug」ノードを使用します。

　「inject」ノードは計測のタイミングのイベントを発生させます。

　ポテンショメータの出力は電圧値なので「analog」ノードで計測し、結果を「debug」ノードで出力します。

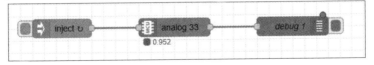

図6-37　サンプルのフロー

●「inject」ノードのプロパティ

繰り返しの時間間隔を"1秒"に設定します。

●「analog」ノードのプロパティ

M5 Angle Sensor は GPIO33 (Grove) に接続するので、「Pin」を "33" に、「Resolution」を "10" にします。

図6-38　「analog」ノードのプロパティ

●実行結果

payload値に角度に応じたデータが出力されます。

```
▼ LOG
{"topic":"","_msgid":"e6c2ebf36e155578","resolution":10,"payload":0.9521016617790012,"source":{"id":"9cd4309713c9e947","type":"debug","name":"debug 1"}}
{"topic":"","_msgid":"116da23916c83ad3","resolution":10,"payload":0.9521016617790012,"source":{"id":"9cd4309713c9e947","type":"debug","name":"debug 1"}}
{"topic":"","_msgid":"ccfb80a0c6356045","resolution":10,"payload":0.9521016617790012,"source":{"id":"9cd4309713c9e947","type":"debug","name":"debug 1"}}
{"topic":"","_msgid":"81044e1d01a922bd","resolution":10,"payload":0.8797653850944281,"source":{"id":"9cd4309713c9e947","type":"debug","name":"debug 1"}}
{"topic":"","_msgid":"9c75108e91d4fc46","resolution":10,"payload":0.8119257086999023,"source":{"id":"9cd4309713c9e947","type":"debug","name":"debug 1"}}
{"topic":"","_msgid":"9bfabo0508b241dd","resolution":10,"payload":0.2697947214078246,"source":{"id":"9cd4309713c9e947","type":"debug","name":"debug 1"}}
{"topic":"","_msgid":"357e97b39aec98c1","resolution":10,"payload":0.04301075268817204b,"source":{"id":"9cd4309713c9e947","type":"debug","name":"debug 1"}}
{"topic":"","_msgid":"86d5a30Af211feb5","resolution":10,"payload":0.04301075268817204b,"source":{"id":"9cd4309713c9e947","type":"debug","name":"debug 1"}}
{"topic":"","_msgid":"dc92fb4a3e328b08","resolution":10,"payload":0.04301075268817204b,"source":{"id":"9cd4309713c9e947","type":"debug","name":"debug 1"}}
{"topic":"","_msgid":"2c3d60db7A44d77c","resolution":10,"payload":0.8782013865234917,"source":{"id":"9cd4309713c9e947","type":"debug","name":"debug 1"}}
{"topic":"","_msgid":"3069a5523eacdf5f","resolution":10,"payload":0.2424242424242423,"source":{"id":"9cd4309713c9e947","type":"debug","name":"debug 1"}}
{"topic":"","_msgid":"1358da1dbe3f05bc","resolution":10,"payload":0.4271749755620723S,"source":{"id":"9cd4309713c9e947","type":"debug","name":"debug 1"}}
{"topic":"","_msgid":"86e05faf1f9cbcad","resolution":10,"payload":0.5650044675055328,"source":{"id":"9cd4309713c9e947","type":"debug","name":"debug 1"}}
{"topic":"","_msgid":"e509fbb64f9037c8","resolution":10,"payload":0.7603734115347016,"source":{"id":"9cd4309713c9e947","type":"debug","name":"debug 1"}}
{"topic":"","_msgid":"c34b75c4e577caa9","resolution":10,"payload":0.9521016617790012,"source":{"id":"9cd4309713c9e947","type":"debug","name":"debug 1"}}
{"topic":"","_msgid":"7fa0fe00f618675d","resolution":10,"payload":0.9521016617790012,"source":{"id":"9cd4309713c9e947","type":"debug","name":"debug 1"}}
```

図6-39　実行結果

6-7 「pulse count」ノード

ロータリエンコーダ等を利用する時に使用します。

図6-40 「pulse count」ノード

■プロパティ

図6-41 「pulse count」ノードのプロパティ

Name	オブジェクトの名前を指定します。
Signal Pin	Signalピン番号(数値)
Control Pin	Controlピン番号(数値)

Signalピンと Contrlolピンを間違えると、向きが逆になります。

■msg(出力)

カウントする毎にmsg.payloadに値が出力されます。

■サンプル

ここではM5StickC Plusと Groveロータリーエンコーダ の接続例を示します。

【サンプル】

6-7-Examples_Pulse_Count.json

図6-42 ロータリーエンコーダ

●フロー

「pulse count」「debug」ノードを使います。

「pulse count」ノードはカウント値が変わるたびに出力されます。

結果は「debug」ノードに渡します。

図6-43 サンプルのフロー

●「pulse count」ノードのプロパティ

「Signal Pin」と「Control Pin」は、Grove端子(GPIO32,GPIO33)を使うので、"33"と"32"にします。

回転の向きが逆の場合は、ピン番号を入れ替えます。

図6-44 「pulse count」ノードのプロパティ

●実行結果

msg.payloadにカウント値が出力されます。

```
No Wi-Fi SSID
{"payload":1,"_msgid":"1edbfabbe1aad74d","source":{"id":"d429bfd122b8c4ca","type":"debug","name":"debug 4"}}
{"payload":2,"_msgid":"ef3c7d9455d0982a","source":{"id":"d429bfd122b8c4ca","type":"debug","name":"debug 4"}}
{"payload":3,"_msgid":"a53223184c9e36fc","source":{"id":"d429bfd122b8c4ca","type":"debug","name":"debug 4"}}
{"payload":4,"_msgid":"cf9a296dc4b049d3","source":{"id":"d429bfd122b8c4ca","type":"debug","name":"debug 4"}}
{"payload":5,"_msgid":"50259ccb2b52556c","source":{"id":"d429bfd122b8c4ca","type":"debug","name":"debug 4"}}
{"payload":4,"_msgid":"7fdd8d127a029143","source":{"id":"d429bfd122b8c4ca","type":"debug","name":"debug 4"}}
{"payload":5,"_msgid":"3a97a1db5be80fd1","source":{"id":"d429bfd122b8c4ca","type":"debug","name":"debug 4"}}
{"payload":6,"_msgid":"2c1cd9c175c42b73","source":{"id":"d429bfd122b8c4ca","type":"debug","name":"debug 4"}}
{"payload":7,"_msgid":"448928efae4804c4","source":{"id":"d429bfd122b8c4ca","type":"debug","name":"debug 4"}}
{"payload":4,"_msgid":"c5fd8179def0c854","source":{"id":"d429bfd122b8c4ca","type":"debug","name":"debug 4"}}
{"payload":3,"_msgid":"c76c51212f95fb39","source":{"id":"d429bfd122b8c4ca","type":"debug","name":"debug 4"}}
{"payload":2,"_msgid":"40d19222ee02f7f5","source":{"id":"d429bfd122b8c4ca","type":"debug","name":"debug 4"}}
{"payload":0,"_msgid":"a1abc19824bd020a","source":{"id":"d429bfd122b8c4ca","type":"debug","name":"debug 4"}}
{"payload":-1,"_msgid":"e79f77eaf8bde180","source":{"id":"d429bfd122b8c4ca","type":"debug","name":"debug 4"}}
{"payload":-2,"_msgid":"f91a6e7949920396","source":{"id":"d429bfd122b8c4ca","type":"debug","name":"debug 4"}}
{"payload":-3,"_msgid":"5eb882dba3a63310","source":{"id":"d429bfd122b8c4ca","type":"debug","name":"debug 4"}}
{"payload":-4,"_msgid":"10d9736a8ef4c7e8","source":{"id":"d429bfd122b8c4ca","type":"debug","name":"debug 4"}}
{"payload":-5,"_msgid":"dfde757291abcff4","source":{"id":"d429bfd122b8c4ca","type":"debug","name":"debug 4"}}
{"payload":-6,"_msgid":"9bb6d554aebf2364","source":{"id":"d429bfd122b8c4ca","type":"debug","name":"debug 4"}}
```

図6-45　実行結果

6-8 「pulse width」ノード

「pulse width」ノードは、パルス幅を測りたい時に使用します。

図6-46　「pulse width」ノード

■プロパティ

図6-47　「pulse width」ノードのプロパティ

Name	オブジェクトの名前
Pin	ピン番号（数値）
Mode	「Input」「Input Pull Up」「Input Pull Down」から選択
Edges	「Rising To Falling」「Falling To Rising」「Rising To Rising」「Falling To Falling」から選択

■サンプル

　ここでは、M5Atom Matrix と超音波距離センサ HC-SR04 を使用する例を示します。

　HC-SR04は「sensor」ノードを使うこともできます。

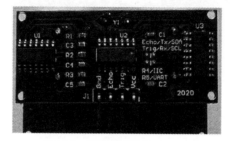

図6-48　超音波距離計(HC-SR04

【サンプル】

6-8-Examples_Pulse_Width.json

●フロー

　「digital out」ノードを2個、「inject」「complete」「template」「pulse width」「function」「debug」ノードを各1個使用します。

　上の2段が「送信部」、下の1段が「受信部」のフローです。

　1段目の「inject」ノードで定期的なイベントを発生させ、「digital out」ノードで超音波距離計の開始トリガを High 出力します。

　2段目は、1段目の処理が終わったのちに「template」ノードでpayloadを設定し、「digital out」ノードで開始トリガをLow出力します。

　3段目は、「pulse width」ノードで信号を受信しパルス幅を得ます。
「function」ノードではパルス幅から距離を計算します。

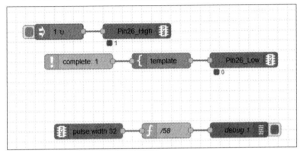

図6-49　サンプルのフロー

●「inject」ノードのプロパティ
　デジタル出力をHighにするために、「payload」は"1"を設定、5秒ごとに計測を行なうので「繰り返し」は、"5秒"間隔にします。

図6-50　「inject」ノードのプロパティ

●「digital out」ノードのプロパティ

「digital out」ノードは2つありますが、名称が異なるだけです。

1段目は"Pin26_High"、2段目は"Pin26_Low"にします。

超音波距離センサのTrig端子とつながっているGPIO26を設定するためPinを"26"に設定します。

図6-51　「digital out」ノードのプロパティ

●「complete」ノードのプロパティ

「digital out」ノードの「1」を出力する側のノード"Pin26_High"を選びます。

Pin26がHighになったらLowにするためのイベントを発生させます。

図6-52　「complete」ノードのプロパティ

●「template」ノードのプロパティ

「payload」に"0"を代入します。

図6-53 「template」ノードのプロパティ

●「pulse width」ノードのプロパティ

「Pin」はGPIO32でEcho信号を受けるので"32"にします。

「Edge」は、パルス信号が入力されたらパルス幅を返すように"Rising to Falling"にします。

図6-54 「pulse width」ノードのプロパティ

●「function」ノードのプロパティ

パルス幅の時間から距離を計算します。

> ※音速は気温に依存するので、正確に測るには温度補正が必要です。

```
msg.payload=msg.payload/58.0;
return msg;
```

図6-55　「function」ノードのプロパティ

●実行結果

payloadに距離(cm)が出力されています。

```
▼ LOG
{"payload":14.316378889412716,"_msgid":"e7b6c34b02db86a6","source":{"id":"b0d5949668754d15","type":"debug","name":"debug 1"}}
{"payload":20.430819807381464,"_msgid":"0452d98359acb581","source":{"id":"b0d5949668754d15","type":"debug","name":"debug 1"}}
{"payload":34.081465096309266,"_msgid":"6eded0adb02b6a46","source":{"id":"b0d5949668754d15","type":"debug","name":"debug 1"}}
{"payload":9.244612068965518,"_msgid":"65b06118ff51ad18","source":{"id":"b0d5949668754d15","type":"debug","name":"debug 1"}}
```

図6-56　実行結果

6-9 「PWM out」ノード

LEDの明るさ制御や直流モータの回転制御などでPWM出力を使う時に利用します。

図6-57 「PWM out」ノード

■プロパティ

図6-58 「PWM out」ノードのプロパティ

Name	オブジェクトの名前
Pin	出力ピン番号(数値)
Frequency	周波数(Hz)を入力(空欄もしくは数値)

■msgプロパティ(入力)

msg.payload　出力値(0から1の値)

■サンプル

M5StickC PlusのLEDの明るさを制御する例を示します。

6-9-Examples_PWMOut.json

●フロー

「inject」「complete」「delay」「function」「PWM out」ノードを使います。

「inject」ノードで開始のイベントを発生させ、あとは順次、「function」ノードで明るさの指示値の計算、「PWM out」ノードで出力、「delay」ノードで100ms待つ、を繰り返します。

100ms待つのは、明るさの変化を人間の目で追える時間にするためです。

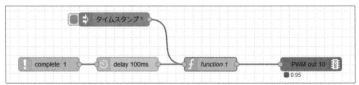

図6-59　サンプルのフロー

●「inject」ノードのプロパティ

起動の"0.1秒後"に動作するようにします。

「payload」の内容は、なんでもかまいません(サンプルでは、"日時"を選択)。

●「function」ノードのプロパティ

初期化処理では、「function」ノード内で使用する変数を定義、初期化します。

Valueは現在値を保持し、UpDownは明るくなっているか、暗くなっているかを識別するために使っています。

```
context.set("Value", 0);
context.set("UpDown", 0);
```

コードでは、PWMに与える値を決定し、msg.payloadで出力します。

```
let i = context.get("Value");
let mode=context.get("UpDown");
if(mode==0){
    i += 0.05;
    if (i >= 1){
        mode = 1;
        i=1;
    }
}else{
    i -= 0.05;
    if (i <= 0){
        mode = 0;
```

```
        i=0;
    }
}
context.set("Value", i);
context.set("UpDown", mode);
msg.payload = i;
return msg;
```

図6-60 「function」ノードのプロパティ

●「complete」ノードのプロパティ

「PWM out」ノードを選択します。

図6-61　「complete」ノードのプロパティ

●「delay」ノードのプロパティ

「時間」を"100ミリ秒"にします。

図6-62　「delay」ノードのプロパティ

●「PWM out」ノードのプロパティ

「Pin」は、LEDがGPIO10につながっているので"10"にします。

図6-63　「PWM out」ノードのプロパティ

6-10 「I2C in」ノード,「I2C out」ノード

　「I2C in」ノードと「I2C out」ノードは、「sensor」ノードにないI2Cデバイスを利用したい時に使います。

図6-64　「I2C in」ノードと「I2C out」ノード

■プロパティ(「I2C in」ノード)

図6-65　「I2C in」ノードのプロパティ

Name	オブジェクトの名前
Options	「Bus」「Pins」から選択
	(BUS)Bus Name　デバイスのBUS名
	(Pins)Data　　　データピン番号
	(Pins)Clock　　　クロック信号ピン番号
Speed	Busのスピード
Address	デバイスのI2Cアドレス
Command	コマンド(空欄の場合は送信されない)
Bytes	読み込むバイト数

■プロパティ(I2C out)

図6-66 「I2C out」ノード

Name	オブジェクトの名前を指定
Options	「Bus」「Pins」から選択
	(BUS)Bus Name デバイスのパス名
	(Pins)Data データピン番号
	(Pins)Clock クロックピン番号
Speed	Busのスピード
Address	デバイスのアドレス
Command	コマンド (msgで指定する場合は空欄にする)
Bytes	読み込むバイト数
Payload	「数値」「文字列」「オブジェクト」から選択

■msgプロパティ(「I2C in」ノード)

●入力

msg.address	アドレス
msg.command	送信コマンド(プロパティで設定してある場合は無視される)
	・コマンドはプロパティだと1バイトの設定だが、msg.commandでは配列が使用できる。
	・プロパティ、msg.commandで何も指定されていない場合は読込みのみ実行。
	・コマンドを書き込み後すぐに読み込むので、遅延時間が必要な場合は利用できない。

●出力

msg.address	アドレス
msg.command	送信したコマンド
msg.payload	出力値。
	プロパティのBytesで指定した数のUint配列が出力される

■msgプロパティ(「I2C out」ノード)

●入力

msg.address	アドレス
msg.command	コマンド
	プロパティのCommandが優先される。コマンドが指定されていない場合は、プロパティのPayloadのみ出力される

●出力

入力されたmsgがそのまま出力されます。

■サンプル

M5StickC Plus と Grove SCD30 の組み合わせでCO_2濃度を計測する例を示します。

図6-67　CO_2センサー(Grove SCD30)

【サンプル】

6-10-Examples_I2C.json

●フロー

「inject」「I2C out」ノードを各2つ、「complete」「delay」「I2C in」「function」「debug」ノードを各1つ使用します。

1段目で測定インターバルを2秒に設定するコマンドを送ります。

電源が入ったのちにセンサが起動するまで待つ必要があるので、「inject」ノードで1秒後に開始しています。

2段目で5秒ごとにデータ取得のコマンドを送信しています。

3段目でデータを受信し変換しています。測定データ読み込み命令送信後、5ミリ秒後にデータの受信ができます。

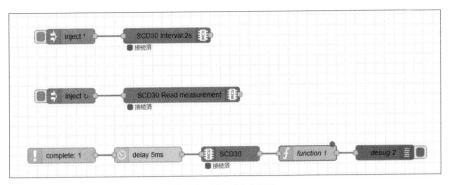

図6-68　サンプルのフロー

●1段目　「inject」ノードのプロパティ

起動の1秒後に実行します。

「payload」を出力すると、次の「I2C out」ノードがその内容を出力するので、項目を削除します。

図6-69　「inject」ノードのプロパティ

●1段目 「I2C out」ノードのプロパティ

「Speed」は、SCD30で使えるI2Cの速度 "50000" にします。

「Address」は、SCD30のI2Cアドレス "0x61" にします。

「Payload」は、送信コマンド列を "[70,0,0,2,227]" に設定します（JSON形式）。

「Bytes」は、payloadがArrayなので無視されます。適当な数値を入力します。

図6-70 「I2C out」ノードのプロパティ

●2段目 「inject」ノードのプロパティ

起動の5秒後から繰り返し10秒間隔でイベントを発生させます。

「payload」の項目は削除します。

図6-71 「inject」ノードのプロパティ

●2段目 「I2C out」ノードのプロパティ

「payload」に測定データ読込みのコマンド "[3,0]" を設定します。

図6-72 「I2C out」ノードのプロパティ

●3段目 「complete」ノードのプロパティ

2段目の「I2C out」ノードを選択します。

図6-73 「complete」ノードのプロパティ

●3段目 「delay」ノードのプロパティ

「時間」を"5ミリ秒"にします。

図6-74 「delay」ノードのプロパティ

●3段目「I2C in」ノードのプロパティ

SCD30の測定値読み込みコマンドの返り値は18バイトあるので、「Bytes」は"18"を設定します。

図6-75 I2C「in」ノードのプロパティ

●3段目 「function」ノードのプロパティ

コードで、I2Cからのバイト列を数値に変換します。

※このフローでは伝送誤り計算をしていないので、不正確な場合があります。

```
let c = new ArrayBuffer(4),b = new Uint32Array(c),f = new
Float32Array(c);
const co2b = ((msg.payload[0] * 256 + msg.payload[1]) * 256
+ msg.payload[3]) * 256 + msg.payload[4];
b[0] = co2b;
const co2=f[0];
msg.payload=co2;
return msg;
```

function ノードを編集
削除
中止
完了
プロパティ
名前
function 1
設定
初期化処理
コード
終了処理
let c = new ArrayBuffer(4),b = new Uint32Array(c),f = new Float32Array(c);
const co2b = ((msg.payload[0] * 256 + msg.payload[1]) * 256 + msg.payload[3]) * 256 + msg.payload[4];
b[0] = co2b;
const co2=f[0];
msg.payload=co2;
return msg;

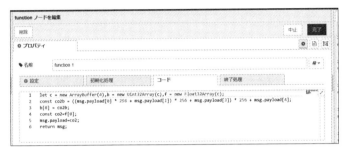

図6-76　「function」ノードのプロパティ

●実行結果

payloadにCO2濃度が出力されています。

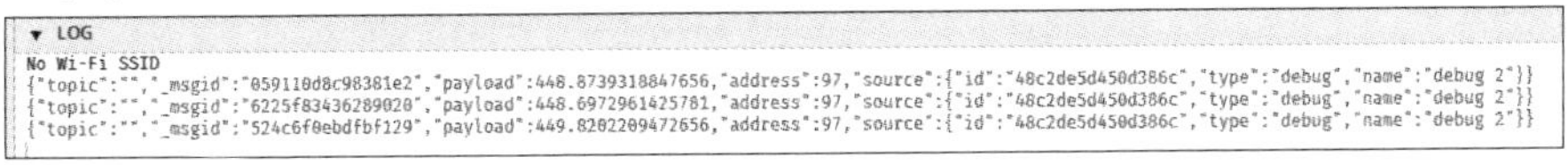

LOG
No Wi-Fi SSID
{"topic":"","_msgid":"059110d8c98381e2","payload":448.8739318847656,"address":97,"source":{"id":"48c2de5d450d386c","type":"debug","name":"debug 2"}}
{"topic":"","_msgid":"6225f83436289020","payload":448.6972961425781,"address":97,"source":{"id":"48c2de5d450d386c","type":"debug","name":"debug 2"}}
{"topic":"","_msgid":"524c6f0ebdfbf129","payload":449.8202209472656,"address":97,"source":{"id":"48c2de5d450d386c","type":"debug","name":"debug 2"}}

図6-77　実行結果

6-11　「neopixels」ノード

マイコン内蔵LED NeoPixelおよび、互換品を使いたい時に利用します。

図6-78　「neopixels」ノード

※NeoPixel は Adafruit の登録商標です

■プロパティ

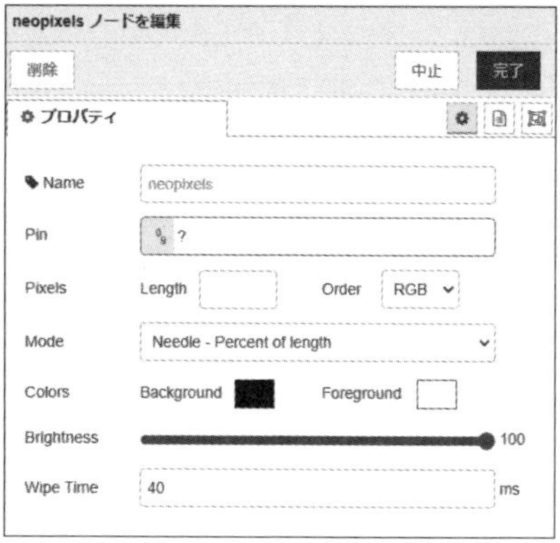

図6-79　「neopixels」ノードのプロパティ

Name	オブジェクトの名前
Pins	接続ピン番号
	（M5Atom Matrixは、デバイスで定義されているので、空欄にする）
Pixels Length	LEDの個数
	（M5Atom Matrixは、デバイスで定義されているので、無視される）
Order	色の指定順
Mode	「Bar(Percent of length)」「Bar(Number of pixels)」「Needle(Percent of length)」「Needle(Number of pixels)」「Add pixel to start」「Add pixel to end」から選択

Colors Background	背景色
Foreground	前景色
Brightness	明るさ
Wipe Time	ワイプ時間

■msgプロパティ(入力)

入力されるmsgは、以下の通りです。

msg.brightness	明るさ (0-100)
msg.colors	色の配列で光らせる
	(例:"["0xFF0000","0x00FF00","0x0000FF"]")
msg.colorNames	色名の配列で光らせる
	(例:"["red","blue","white"]")

msg.payload

【引数が1つの場合】

色名:背景色にセットされる。

数値:ModeがNeedle(針)の場合は数値の位置のLEDを白で、それ以外は数値までのLEDを点灯する。

【引数が2つの場合】

数値と色名を指定する。

色名:前景色にセットされる。

数値:ModeがNeedle(針)の場合は数値の位置のLEDを白で、それ以外は数値までのLEDを点灯する。

【引数が3つの場合】

色(R,G,B)を指定し、モードに関わらず、背景色が設定される。

Brightnessは無視される。

・モードがAdd Pixel to Startの場合

Pixelが1つUPシフトされる。

1つの目のPixelは設定された背景色になる。

・モードがAdd Pixel to endの場合

Pixelが1つDownシフトされる。

最後のPixelは設定された背景色になる。

・モードがそれ以外の場合

すべてのLEDが設定された背景色で光る。

【引数が4つの場合（BarもしくはNeedleのみ機能）】

n,r,g,bで指定。n番目のPixelがr,g,bで点灯。

【引数が5つの場合（BarもしくはNeedleのみ機能）】

x,y,r,g,bで指定。

x番目からy番目までのPixelがr,g,bで点灯。

■サンプル

M5Atom MatrixのLEDを点灯させる例を示します。

【サンプル】

6-11-Examples_Neopixels.json

●フロー

7個のinject、「neopixels」ノードを使用します。

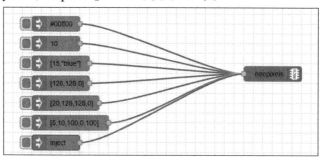

図6-80　サンプルのフロー

●「neopixels」ノードのプロパティ

「Pin」は、デバイスで定義したLED(Neopixels)を使用するため空欄にします。

「Length」も、デバイスで定義したLED(Neopixels)を使用するため空欄にします。

「Mode」は、棒グラフで光るLEDを数で指定するので"Bar - Number of pixels"にします。

「Background」は、それ以外のLEDを消灯させるので"黒色"にします。

「Foreground」は、LEDを赤色で点灯したいので"赤色"にします。

「Brightness」は、明るくするので"100"にします。

「Wipe Time」は、アニメーション風にしたいので"40"に設定します。

図6-81 「neopixels」ノードのプロパティ

「inject」ノード①は、msg.payloadで"#00ff00"を送信します。
背景が緑色に変化します。

図6-82 「inject」ノード①

「inject」ノード②は、msg.payloadで"10"を送信します。
前景色で10個LEDが点灯します。

図6-83 「inject」ノード②

「inject」ノード③は、msg.payloadで"[15,blue]"を送信します。
配列を送信するのでmsg.payloadはJSON形式にします。
LEDが15個青色で光ります。

図6-84 「inject」ノード③

「inject」ノード④は、mag.payloadで"[128,128,0]"を送信します。
配列を送信するのでmsg.payloadはJSON形式にする必要が有ります。
背景が黄色で光ります。

図6-85 「inject」ノード④

「inject」ノード⑤は、msg.payloadで"[20,128,128,0]"を送信します。
配列を送信するのでmsg.payloadはJSON形式にします。
20個目のLEDが黄色で光ります。

図6-86 「inject」ノード⑤

「inject」ノード⑥は、msg.payloadで"[5,10,100,0,100]"を送信します。
配列を送信するのでmsg.payloadはJSON形式にします。
5個目から10個目のLEDが紫で光ります。

図6-87 「inject」ノード⑥

「inject」ノード⑦は、msg.payload を削除し、代わりに msg.colorNames を送信できるようにしています。

msg.colorNames で"["red","yellow","green","blue"]" を送信します。

配列を送信するので msg.colorNames は JSON 形式にします。

LED が "red""yellow""green""blue" の順で光ります。

図6-88　「inject」ノード⑦

●実行結果

Plugin を使って、Node-RED エディター上の「inject」ノードのボタンをクリックすることでそれぞれの機能を確認できます。

第 7 章

MCUサイドパネル

「Node-RED MCU Plugin」をインストールすると、
MCUサイドパネルが使えるようになったり、Node-REDフ
ローエディタデバイスが連携したりと、とても便利に利用でき
るようになります。

7-1 MCUサイドパネル

Node-RED MCU Pluginをインストールすると、MCUサイドパネルの項目
が増えます。

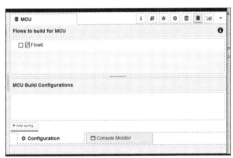

図7-1　MCUサイドパネル

■[Flows to build for MCU]領域

チェックしたFlowが、デプロイ対象となります。

■[MCU Build Configurations]領域

ビルドしたり、コンソール画面で、ビルドやデバイスへの書き込みの様子が
見られます。

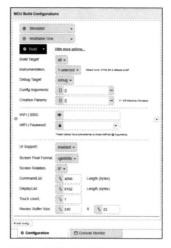

図7-2　MCU Build Configuration

●[Configuration]タブ

[+ Add config…] ボタンで、新たなビルド設定を追加して、ビルドできるようになります。

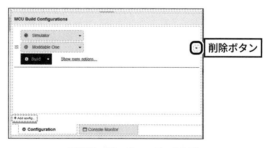
削除ボタン

図7-3　[Configuration]タブ

右側の□で設定を削除します。ビルドできなくなった場合はいったん削除するとよくなる場合があります。

[Build]ボタン横の[Show more Option…]をクリックすると詳細設定ができます。

・プラットフォーム/サブプラットフォーム

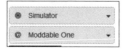

図7-4　プラットフォーム/サブプラットフォーム

・Buildボタン

図7-5　Buildボタン

[Flows to build for MCU]で選択しているフローをBuildします。

・Build Target

[Build]ボタンをクリックしたときの動作になります。「All」は「Build＋Deploy＋xsbug」です。

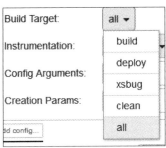

図7-6　Build Target

・Instrumention

"Debug"と"Release"を選択できます。

・Config Arguments

Config Argumentsに設定した項目は、mcconfigの引数の「key=value」に追加されます。

・Creation Params

Creation Paramsに入力した項目は、manifestの「creation」オブジェクトに設定され、メモリの設定が必要な時に設定します。

・WiFi|SSID と WiFi|Password

WiFiを使うときに、SSIDとパスワードを入力します。

・UI Support

Dashboardを使うときなどは、"Enabled"に設定します。

Enabledにすると、設定項目が増えます。

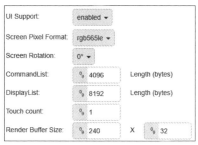

図7-7　UI Support

・Screen Pixel Format

画面のPixel形式を設定します。

・Screen Rotation

画面の回転角度を設定します。

・Command List

Piu 描画操作を保持するために使われる「コマンドリスト・バッファ」のサイズ(バイト単位)を指定します。

「Piu」は、MCUで実行するように設計されたユーザーインターフェースのフレームワークです。

・DisplayList

Poco レンダリング エンジンの「ディスプレイリスト・バッファ」のサイズです。

・Touch Count

同時にトリガーできるタッチイベントの数を設定します。

・Render Buffer Size

Render Buffer Sizeは、画面上のピクセル数ではなく、「レンダリング・バッファ」のサイズです。通常は、主に小さな値が使われます。

値が大きいほど、より効率的なレンダリングが可能になって役立ちますが、多くのメモリを使用します。最適な数は場合により異なり、ダッシュボードでは、「32行」がメモリ使用量とパフォーマンスの間の適切な妥協点です。

・参考：node-red-mcu-plugin: ui_node support #27

> https://github.com/phoddie/node-red-mcu/discussions/27#discussioncomment-4317840

● [Console Monitor] タブ

コンソールを表示し、ビルドの状態などが見れます。

7-2 フローエディタとデバイスの連携

ワークスペースの「inject」ノードのボタンを押して、デバイス上の「inject」ノードを操作できます。

デバイス上のノードの状態を、ワークスペースのノードのステータスで表示します。

また、デバイス上の「debug」ノードの出力をデバッグサイドパネルに表示します。

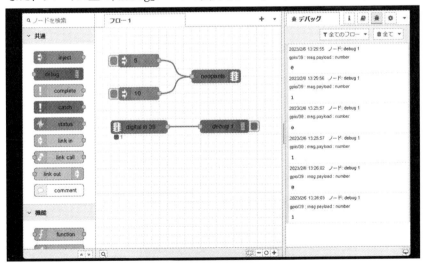

図7-8 フローエディタとデバイスの連携

第**8**章

ダッシュボード機能の使い方

8-1　node-red-dashboardノードをインストールする

手 順

[1]「パレットの管理」を選択

　Node-REDのフローエディタで、右上のメニューから「パレットの管理」
を選択します。

図8-1　パレットの管理

[2]「ノードを追加」を選択

「ノードを追加」タブで node-red-dashboard を検索し、「ノードを追加」を選択します。

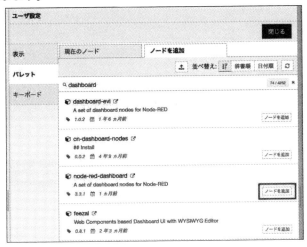

図8-2　ノードを追加

すると、ダッシュボードノードが追加されます。

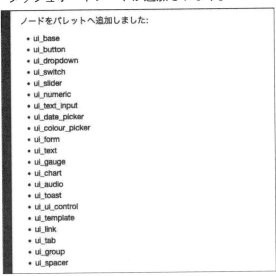

図8-3　ダッシュボードノードが追加される

コマンドラインからnpmコマンドで追加することもできます。

● macOS,Linux, Raspberry Piの場合）

```
$ cd ~/.node-red
$ npm install node-red-dashboard
```

● Windowsの場合

```
> cd %USERPROFILE%¥.node-red
> npm install node-red-dashboard
```

8-2 Node-REDフローを作成する

ダッシュボードのサンプルフローを作成します。

■使うノード

「button」ノード 2個
　「Button A」ノードと「Button B」ノードを配置します。
「text」ノード　　1個

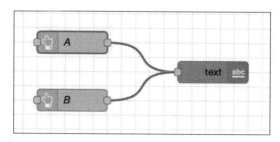

図8-4　サンプルフロー

手 順

[1] 「button」ノードを編集する

「Label」「Payload」「名前」に "A" または "B" を入力します。

図8-5 「button」ノードを編集

「Group」の編集は、鉛筆アイコンをクリックします。

[2] Group を編集する

名前は、"default" を入力します。

Node-RED 実行環境によっては「デフォルト」となっている場合がありますが、日本語フォントに対応していないため、英数字で入力します。

タブの編集は、鉛筆マークをクリックします。

図8-6 Groupを編集

[3] タブを編集する

「名前」は "home" を入力します。

Node-RED実行環境によっては「ホーム」となっている場合がありますが、日本語フォントに対応していないため、英数字で入力します。

図8-7　タブを編集

[4] 「text」ノードを編集する

Group → プルダウンメニューで「[home] default」を選択します。

図8-8　「text」ノードを編集

サンプルフローは、以下になります。

【サンプル】

8-2_Dashboard1_flows.json

8-3 「MCU」タブの設定をする

手 順

[1]「Flows to build for MCU」にある対象フローのチェックボックスに
チェックを入れる。

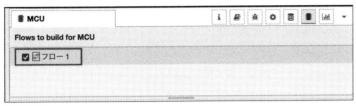

図8-9　チェックボックスにチェックを入れる

　今回は、ダッシュボードのディスプレイ表示とタッチパネル機能を利用
するため、サンプルとしてM5Stack Core2を使います。

> ※他のデバイスでは、「Moddable Two」もディスプレイ表示とタッチパネル機能
> を利用できます。

[2] M5Stack Core2 を PC と接続
　プルダウンメニューで「ESP32 | Espressif」「esp32/m5stack_core2」を
選択し、M5Stack Core2 を PC に接続して、認識された「シリアルポート
番号」を入力します。

図8-10　M5Stack Core2をPCと接続

[3]「Show more options...」の設定

「MCU Build Configurations」の「Show more options...」を押します。

UI Support は、"enabled" を選択します。

UI Support:	enabled ▾
Screen Pixel Format:	rgb565le ▾
Screen Rotation:	0° ▾
CommandList:	$^0_9$ 4096　　Length (bytes)
DisplayList:	$^0_9$ 8192　　Length (bytes)
Touch count:	$^0_9$ 1
Render Buffer Size:	$^0_9$ 240　X　$^0_9$ 32

＋ Add config...

⚙ **Configuration**　　　🖵 Console Monitor

図8-11　UISupportの有効化

8-4　Node-REDフローをMCUで実行する

「Build」を押すと Node-RED フローからビルドが実行されます。

ビルド完了後、デバイス（M5Stack Core2）への書き込みが行なわれます。

「Console Monitor」タブを押すと、ターミナル画面でフローのビルドや、デバイスへの書き込みの状況を確認できます。

図8-12　「Build」でフローを実行

「button A」を押す(画面をタッチする)と、textにAが表示され、「button B」を押すと、textにBが表示されます。

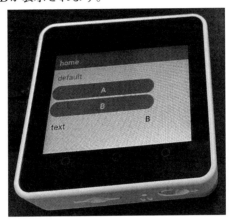

図8-13　実行した様子

■サンプル(その他のデバイス)

●Moddable Two

同じサンプルフローをModdable Twoデバイスで動作させた例です。

図8-14　Moddable Twoでの実行

●ATOMS3

同じサンプルフローを動作させると、ディスプレイの表示領域が狭いため、一部しか表示されません。

また、タッチパネル機能も無いため、ボタンに反応しません。

図8-15　ATOMS3での実行

3軸重力加速度計と3軸ジャイロスコープを搭載した、6軸姿勢センサ IMU6886（IMU機能）が内蔵されているため、傾きの値をリアルタイムにゲージノードで表示することが可能です。

図8-16　IMU機能

■サンプルフロー

サンプルフロー（flows.json）です。

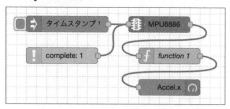

図8-17　サンプルフロー

【サンプル】

8-4_Dashboard2_flows.json

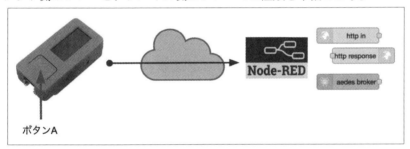

第**9**章

サンプルとレシピ

ここでは、実際にNode-REDを使ってデバイスを動かす例
を紹介します。

9-1 マイコンデバイスからクラウドへデータを送信する

　M5StickCのボタンAを押すとクラウド上のNode-REDへデータを送信する
フローを作ります。

クラウド側のフローと、デバイス側のフローの2種類を準備します。

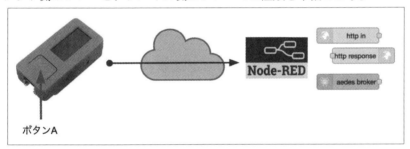

図9-1　データの流れのイメージ

■クラウド側の準備

手　順

[1] サーバの構築

　まずはサーバの準備として、クラウド上のNode-REDでHTTPサーバ、
およびMQTTサーバ(ブローカー)を構築します。

　HTTPサーバは標準ノードの「http in」ノードと「http response」ノードを
使い、MQTTサーバ(ブローカー)は、ノードの追加(「aedes broker」ノード)

が必要になります。

[2] MQTTブローカーノードの追加

　右上のメニューから「パレットの管理」→「ノードを追加」タブを選択して、「ノードを検索」のフォーム入力から以下のノードを入力し、「ノードを追加」ボタンを押します。

・node-red-contrib-aedes
・node-red-dashboard

　ポップアップメッセージが表示されるので、「追加」を選択します。

[3] フローの作成
ノードの追加が終わったあと、以下のフローを作ります。

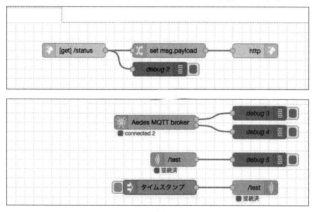

図9-2　フローの作成

【サンプル】

9-1_Button_Cloud_flows.json

■デバイスからHTTPリクエストを送信

手　順

[1] フローの作成

　M5StickC PlusのボタンAを押すと、クラウド上のNode-REDへHTTP
リクエストを送信するフローを作ります。

　「digital in」ノード、「http request」ノード、「debug」ノードを接続します。

図9-3　「digital in」ノード、「http request」ノード、「debug」ノードを接続

[2] 「digital in」ノードの設定

　M5StickC PlusのボタンAは押した時に「0」、離した時に「1」を出力し
ます。

　ボタンAを押した時に、HTTPリクエストを送信するように設定します。

図9-4　「digital in」ノードの設定

Name	"Button A"を入力（任意）
Pin	"37"

Mode	"Input"
Edge	"Falling"
Debounce	"0"

[3]「http request」ノードの設定

URL	HTTPサーバ(Node-RED)のURLを入力。
	例：「HTTP://ホスト名/パス」または「HTTP://IPアドレス/パス」

※HTTPS:// はサポートされていません。

コネクションkeep-aliveを有効化	チェックボックスにチェックを入れる
Disable strict HTTP parsing	チェックボックスにチェックを入れる

図9-5 「http request」ノードの設定

[4]動作の確認

　「MCU」サイドパネルの「Build」ボタンを押してM5StickC Plusへフローを書き込みます。

　M5StickC Plusのボタンを押すと、クラウド側のNode-REDの「デバッグ」タブにログが出力されます。

■デバイスからMQTTメッセージを送信する場合

手 順

[1] フローの作成

　M5StickCのボタンAを押すとクラウド上のNode-REDで構築した MQTT brokerにメッセージを送信するフローを作成します。

　「digital in」ノードと「mqtt out」ノードを接続します。

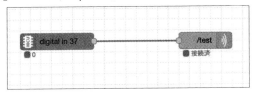

図9-6　「digital in」ノードと「mqtt out」ノードを接続

[2] 「digital in」ノードの設定

　M5StickC PlusのボタンAは押した時に「0」を、離した時に「1」を出力 します。

　ボタンAを押した時と離した時、それぞれを送信するように設定します。

Name	"Button A"と入力（任意）
Pin	"37"を入力
Mode	"Input"を選択
Edge	"Rising & Falling"を選択
Debounce	"0"を入力

図9-7　「digital in」ノードの設定

[3]「mqtt out」ノードの設定

サーバ	編集ボタン（鉛筆アイコン）を押して、MQTT サーバ（Aedes MQTT broker）の「サーバ名」と「ポート番号」を入力
トピック	"/test" を入力（MQTT サーバのトピックと合わせる）

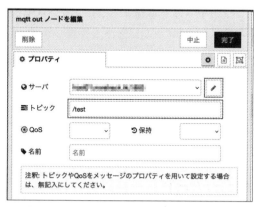

図9-8　「mqtt out」ノードの設定

[4] 動作の確認

　「MCU」サイドパネルの「Build」ボタンを押して M5StickC Plus へフローを書き込みます。

　M5StickC Plus のボタンを押すと、クラウド側の Node-RED の「デバッグ」タブにログが出力されます。

9-2 送信したデータをダッシュボードグラフで表示する

M5StickC Plus に M5 ENV Hat Ⅲ を接続して、クラウド上の Node-RED へ温湿度データを送信し、ダッシュボードのグラフで表示する方法を説明します。

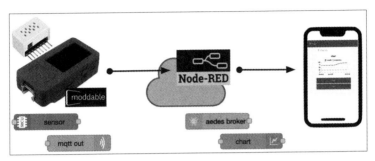

図9-9 動作のイメージ

■デバイス側の準備

手 順

[1] フローの作成

M5StickC Plus からクラウドへ温湿度データを送信するため、「sensor」ノードと「mqtt out」ノードを接続します。

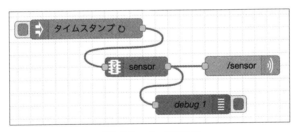

図9-10 ノードの作成

[2] 「sensor」ノードの編集

「sensor」ノードを編集し、「Sensor」「I/O」「Bus Name」「Speed」「Address」「Configure」を設定して、センサデバイスを制御します。

図9-11　sensorノードの編集

センサデバイス「HC-SR04」の場合、以下の通りに設定します。

Module	センサごとに指定。
	「HC-SR04」を選択します。
I/O	PulseWidthを使用。
	Pinは "33" を、Modeは "Input" を選択。
TRIGGER	Digitalを使用。
	Activeにチェックを入れる。Pinは "32"、Modeは "Output" を選択。
Configure	センサのパラメータを指定。
	HC-SR04の場合は設定しない。

[3]「mqtt out」ノードの設定

サーバ	編集ボタンを押して、MQTT サーバ (Aedes MQTT broker)の「サーバ名」と「ポート番号」を入力
トピック	"/sensor"を入力

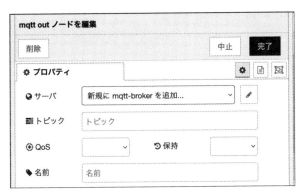

図9-12 「mqtt out」ノードの設定

■クラウド側の準備

[1] フローの作成

　温度データと湿度データは、M5StickC Plus から1つのメッセージとして送信されます。

　それらを「change」ノードで抽出し、別のトピックを設定し、「chart」ノードへ入力します。

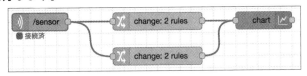

図9-13 フローの作成

[2]「mqtt in」ノードの設定

サーバ → 編集ボタンを押して、MQTT サーバ (Aedes MQTT broker)の「サーバ名」と「ポート番号」を入力

トピック → "/sensor"を入力(「mqtt out」ノードのトピックと合わせる)

出力 → "自動判定"(JSONオブジェクト、文字列もしくはバイナリバッファ)
を選択

図9-14　「mqtt in」ノードの設定

[3] 「change」ノード(温度)の設定

値の代入　　　　msg.payload に、"msg.payload.thermometer.
　　　　　　　　temperature" を代入

値の代入　　　　msg.topic に、文字列"thermometer" を代入

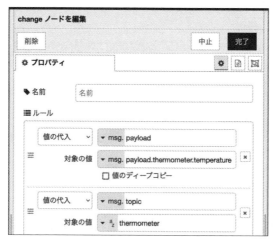

図9-15　change」ノード(温度)の設定

[4]「change」ノード(湿度)の設定

値の代入	msg.payloadに、"msg.payload.hygrometer.humidity" を代入
値の代入	msg.topicに、文字列 "humidity" を代入

図9-16 「change」ノード(湿度)の設定

[5]「chart」ノードの設定

種類	折れ線グラフを選択する

図9-17 「chart」ノードの設定

[6] データの表示を確認

ダッシュボードのグラフに温湿度データが表示されることを確認します。

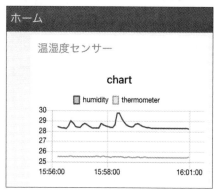

図9-18　データの表示を確認

【サンプル】

9-2_Sensor_Dashboard_flows.json

9-3 ダッシュボードのボタンでデバイスのLEDを操作する

　ダッシュボードのボタンを押して、M5StickC Plusの内蔵LEDを点灯・消灯する方法を説明します。

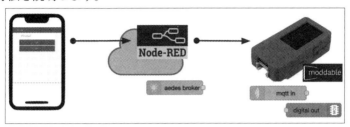

図9-19　動作のイメージ

手　順

[1] フローの作成

　M5StickC Plusはクラウドからデータを受信してLEDを制御するので、「mqtt in」ノード、「change」ノード、「digital out」ノード、「debug」ノードを接続します。

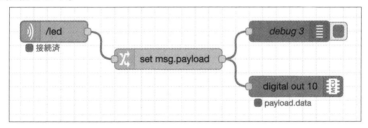

図9-20　フローの作成

[2] 「mqtt in」ノードの設定

　MQTTで送受信するデータはJSONフォーマットを使います。

サーバ	編集ボタン(鉛筆アイコン)を押して、MQTTサーバ(Aedes MQTT broker)の「サーバ名」と「ポート番号」を入力
トピック	"/led"を入力（MQTTサーバのトピックと合わせる）
出力	"JSONオブジェクト"を選択

図9-21　「mqtt in」ノードの設定
図9-22

図9-23　「mqtt-broker」ノードの編集

[3]「change」ノードの設定

値の代入	msg.payload を入力
対象の値	msg.payload.data を入力

図9-24 「change」ノードの設定

[4]「digital out」ノードの設定

Name	"LED" と入力(任意)
Pin	"10" を入力
Mode	"Output" を選択
nitial State	"High (1)" を選択

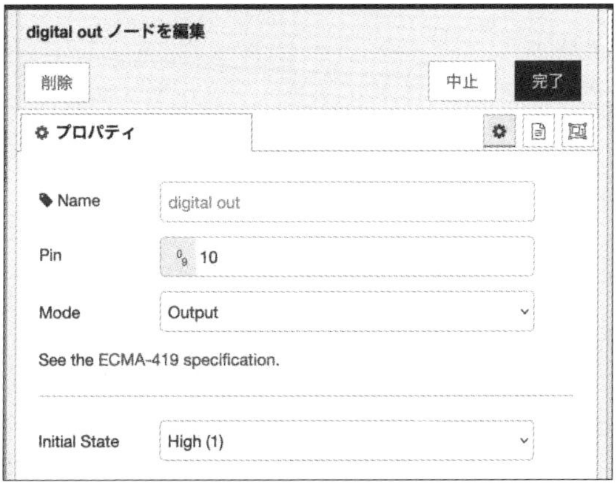

図9-25 「digital out」ノードの設定

■クラウド側の準備

[1] フローの作成

　クラウド上の Node-RED はダッシュボードのボタンを押してデータを
送信するため、「button」ノードと「mqtt out」ノードを接続します。

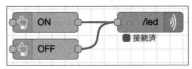

図9-26　ノードの接続

[2]「button」ノードの設定

　ONの場合、Payloadに JSON形式で {"data":0} を入力します。

　OFFの場合は、Payloadに JSON形式で {"data":1} を入力します。

図9-27　「button」ノードの設定

[3]「mqtt out」ノードの設定

サーバ	編集ボタンを押して、MQTT サーバ（Aedes MQTT broker）の「サーバ名」と「ポート番号」を入力
トピック	"/led" を入力（MQTT サーバのトピックと合わせる）

図9-28 「mqtt out」ノードの設定

図9-29 MQTT brokerの設定

【サンプル】

9-3_Dashboard_LED_flows.json

[4] 動作の確認

ダッシュボードの「ON」ボタンを押すとM5StickC PlusのLEDが点灯し、「OFF」ボタンを押すと消灯することを確認します。

図9-30 動作の確認

9-4 「audioout」ノードで音声ファイルを再生

　「audioout」ノードを使って、ウェブサーバに置かれた音声ファイルをストリーミング再生することができます。

　これにより、デバイスに容量の大きな音声ファイルを保存しなくても音声を再生できます。

　音声再生機能をサポートしたデバイス(M5Stack Core2)を例として使います。

手　順

[1]「audioout」ノードをインストール

・macOS, Linux, Raspberry Piの場合

```
$ cd ~/.node-red
$ npm install node_modules/¥@ralphwetzel/node-red-mcu-
plugin/node-red-mcu/nodes/audioout
```

・Windowsの場合

```
> cd %USERPROFILE%¥.node-red
> npm install node_modules¥@ralphwetzel¥node-red-mcu-
plugin¥node-red-mcu¥nodes¥audioout
```

[2] 音声ファイルを用意する

　「audioout」ノードがサポートしているフォーマットは「16bit, 16kHz」のモノラルWAV形式、または、SBC形式です。

　たとえば、無料で利用可能な効果音ラボの「クリスマスの鈴」を使用する場合、以下のようにフォーマット変換して使用します。

・音楽ラボ「クリスマスの鈴」

https://soundeffect-lab.info/sound/anime/mp3/santaclaus-bell1.mp3

　ffmpegコマンドでフォーマットを変換することができます。

・WAV形式に変換する場合

```
$ ffmpeg -i santaclaus-bell1.mp3 -acodec pcm_s16le -ac 1
-ar 16000 bell.wav
```

・SBC形式に変換する(ビットレート32kbps)

```
$ ffmpeg -i santaclaus-bell1.mp3 -acodec sbc -ac 1 -ar
16000 -b:a 32k bell.sbc
```

　出力された音声ファイル(bell.wav、または、bell.sbc)をHTTPでアクセスできるウェブサーバへ置きます。

※「audioout」ノードはHTTPSをサポートしていません。

[3] デバイス側のフローを作成する

　「inject」ノード、「change」ノード、「audioout」ノードを使用してフローを作成します。

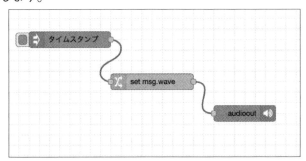

図9-31　デバイス側のフロー

[4] 「change」ノードの設定

　音声ファイル(WAV)を使う場合はmsg.waveに、音声ファイル(SBC)を使う場合は「msg.sbc」にURLを設定します。

図9-32　「change」ノードの設定

[5]「MCU」サイドパネルのMCU Build Configurations の設定
「9-3　ネットワーク接続(node-red-mcu-pluginの場合)」を参考に、「WiFi | SSID:」と「WiFi | Password:」に接続情報を入力します。

　「Build」ボタンを押してM5Stack Core2へフローを書き込みます。
　「inject」ノードのボタンを押すと、デバイスから音声が再生されます。

【サンプル】

9-4_audioout_flows.json

9-5 「neopixels」ノードを使う

■ NeoPixelが搭載されているデバイス

ここでは、M5Atom Matrixの5×5 RGBマトリックスLED（NeoPixel互換）を赤色で順々に点灯していきます。

※外付けのNeoPixelは動作しません。

フローは、「inject」「complete」「delay」「function」「neopixels」ノードを利用します。

【サンプル】

9-5-NeopixelsDefined.json

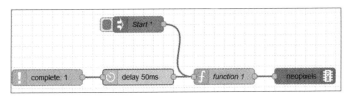

図9-33　フローの作成

「inject」ノードは、実行が始まったときにトリガーを発生します。

図9-34　「inject」ノード

functionノードは「neopixels」ノードに送る内容を作ります。

初期化処理は、ValueというContext変数に"0"を設定します。

```
context.set("Value",0);
```

コードは、①Context変数から数値を受取り、②LEDと同じ位置は"red"、他の位置は"black"が入った配列を生成し、③msg.colorNamesに代入します。

そして、次のLEDの位置をContext変数に保存します。

```
const x = Array(25);
let i = context.get("Value");
for(let j = 0 ; j < 25 ; j++){
 if(i == j) x[j]="red";
 else x[j] = "black";
}
msg.colorNames = x;
i++;
if (i == 25) i = 0;
context.set("Value", i);
return msg;
```

図9-35　「function」ノードの設定

「complete」ノードは、neopixelsの表示が終わったら、トリガーを発生します。

図9-36　「complete」ノードの設定

「neopixels」ノードの「Pin」「Length」は定義されているので、"空欄"にします。
また、今回はすぐに表示するので、「Wipe Time」を"0"に設定しています。

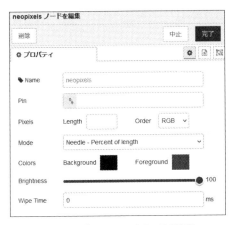

図9-37 「neopixels」ノードの設定

■NeoPixelが搭載されていないデバイス

M5Stack Core2 に M5GO Bottom2 を接続し、RGB LED（NeoPixel互換）を点灯させます。

Bar グラフと Wipe Time を指定することで、LED が伸びていくアニメーション表示になります。

フローは、「inject」「function」「complete」「neopixels」ノードを使います。

【サンプル】

9-5-NeopixelsNotDefined.json

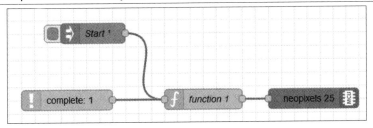

図9-38 フローの作成

「inject」ノードは、実行が始まったときにトリガーを発生します。

図9-39　「inject」ノード

「function」ノードは「neopixels」ノードに送る内容を作ります。

初期化処理は、ValueというContext変数に "0" を設定します。

```
context.set("Value",0);
```

コードは、①配列 x に色名を入れておき、②Context変数と一致する順番の色を選択し、③Context変数を次の値にします。

msg.payloadに "100" と色を書き込みます。

100は100％の意味です。

パーセントBARグラフなので、すべてのLEDを光らせることになります。

また、「neopixels」ノードでWipeを指定すると、アニメーション風にLEDが光ります。

次の順番を、Context変数に保存します。

```
const x = new Array("red" , "green" , "blue");
let i = context.get("Value");
i++;
if (i == 3) i = 0;
context.set("Value", i);
msg.payload="100," + x[i];
return msg;
```

図9-40　「function」ノードの設定

　「complete」ノードは、「neopixels」の表示が終わったら、トリガーを発生します。

図9-41　「complete」ノード

　「neopixels」ノードは、次のように設定します。

Pin2	GPIO25にNeoPiexlがつながっているので、"25"に設定
Length	LEDが10個なので、"10"に設定
Order	"GRB"
Mode	"Bar - Percent of length"
Wipe Time	"100"

図9-42　「neopixels」ノード

9-6　Ambient.ioを利用する

　Ambient.ioはIoTデータの可視化サービスで、8chまで無料で利用可能です（2023年2月現在）。

　このサービスを利用して温度・湿度のデータを可視化してみましょう。

【サンプル】

9-6-AmbientIO.json

■使用するハードウェアとパレット

　ここで使うハードウェアとパレットは、以下の通りです。

・ハードウェア

M5StickC Plus

ENV.III Unit

・パレット

node-red-dashboard

> ※あらかじめNode-REDのパレットからインストールしてください。

手　順

[1] アカウントの準備

　Ambient.IO のサイトでアカウントを準備します。

・Ambient.IO

https://ambidata.io/

　ログインして、チャンネル一覧を見ます。

　[チャンネルを作る]をクリックし、保存するチャンネルを作成します。

図9-43　アカウントの準備

　新しくチャンネルが作成されたら、一覧の右端の[設定]から[設定変更]を選択します。

[2] データの設定
　記録するデータを設定して、最後に[チャンネル属性を設定する]をクリックして閉じます。

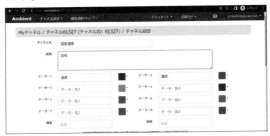

図9-44　データの設定

[3] フローの作成
　「inject」「sensor」「template」「http request」「debug」と、2個の「function」「text」ノードを使います。
　1段目がambient.ioにデータを送信する部分で、2～3段目がM5StickC PlusのDisplayにダッシュボードを使用して表示する部分です。

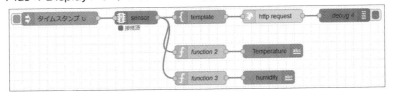

図9-45　フローの作成

[4] 各ノードの設定と解説

「inject」ノードを1分おきに動かし、計測のタイミングのイベントを発生させます。

図9-46 「inject」ノード

「sensor」ノードで、温度・湿度のデータを取得します。

湿度が msg.payload.hygrometer.humidity に、温度が msg.payload.thermometer.temperature に出力されます。

図9-47 「sensor」ノードの設定

　「template」ノードは、送信する内容をAmbient.ioに合わせた形に整形します。

　writeKeyは、Ambient.ioのWriteキーを入力します。

　writeKey,d1(温度データ),d2(湿度データ)のJSONデータが出力されます。

図9-48　「template」ノードの設定

　「http request」ノードは、データの送信方法を指定します。

メソッド	"POST"
URL	"http://ambidata.io/api/v2/channels/ チャンネルID/ data"
出力形式	"JSON"
ヘッダー	"Content-Type" "application/json"

図9-49　「http request」ノードの設定

「debug」ノードは、送信が失敗した時のLogが出力されます。

「function」ノードは、画面表示のために小数の丸め処理をコードでします。
温度の方は小数点第2位まで、湿度は小数点以下を丸めています。

```
const temp = msg.payload.thermometer.temperature;
msg.payload =temp.toFixed(2);
return msg;
```

```
const humi = Math.round(msg.payload.hygrometer.humidity);
msg.payload=humi;
return msg;
```

ダッシュボードの「text」ノードで、温度と湿度をそれぞれ表示します。

[5] ビルド

Wi-Fiを利用するので、「SSID」と「パスワード」を入力します。

また、ダッシュボードを使うので、「UISupport」を "Enable" にします。

さらに、「Screen Rotation」（表示の角度）を180度に設定します。

図9-50　ビルドの設定

[6] 実行結果の確認

Ambient.ioのボードを表示すると時系列データが表示できました。

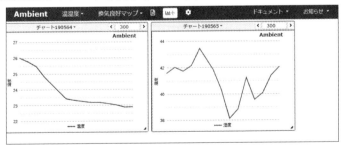

図9-51　実行結果の確認

9-7 InfluxDBを利用する

Node-RED MCU Editionを利用すると、デバイスからPCまですべてのフローをNode-REDで書くことが可能です。

これは、Node-RED MCUの特徴の1つになるのではないでしょうか。

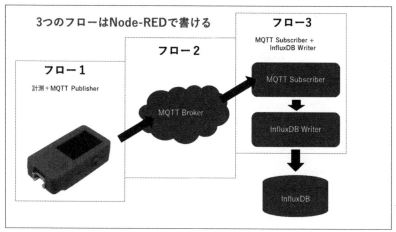

図9-52 動作のイメージ

ここでは、光センサ「Grove LightSensorV2」で光を検知し、InfluxDBに保存する例を示します。

> ※InfluxDBはIoTに適した時系列データベースです。有償のクラウドサービスの他、無償で利用可能なOSS版があります。ここでは、OSS版を使用します。

【サンプル】

9-11-InfluxDB.json

■使うハードウェアとパレットに追加するノード

・ハードウェア

M5StickC Plus

Grove LightSensor V1.2

・パレットに追加するノード

node-red-dashboard

node-red-contrib-aedes

node-red-contrib-influxdb

※あらかじめNode-REDのパレットからインストールしてください。

■InfluxDBのインストール

手 順

[1] InfluxDBのインストール

Influx.dataのサイトを開き、[GetInflux DB] をクリックします。

・Influx.data

https://www.influxdata.com/

InfluxDB OSSの [Download] をクリックすると、各プラットフォームに合わせたインストール方法が表示されます。

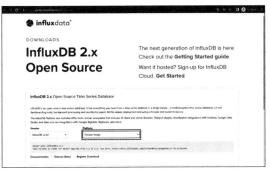

図9-53　インストール方法の表示

ここではWindows環境で説明をします。

表示された枠の内容を、PowerShell（管理者）で実行します。

```
> wget https://dl.influxdata.com/influxdb/releases/
influxdb2-2.6.1-windows-amd64.zip -UseBasicParsing -OutFile
influxdb2-2.6.1-windows-amd64.zip
Expand-Archive .\influxdb2-2.6.1-windows-amd64.zip
-DestinationPath 'C:\Program Files\InfluxData\influxdb\'
```

[2] InfluxDBの初期設定

コマンドプロンプト（管理者）を開き、C:¥Program Files¥InfluxData¥infl uxdb¥influxdb2_windows_amd64 フォルダに移動し、influxd.exe を実行します。

```
> cd C:¥Program Files¥InfluxData¥influxdb¥influxdb2_windows_
amd64
> influxd.exe
```

次に、ブラウザで「http://localhost:8086」を開きます。

Start 画面が表示されるので [GET STARTED] をクリックします。

図9-54　InfluxDBのスタート画面

「Username」「Password」「Initial Organization Name」「Initial Bucket Name」を入力します。後で必要になるので、忘れないようにメモしましょう。

Bucket名は、DB名に相当します。

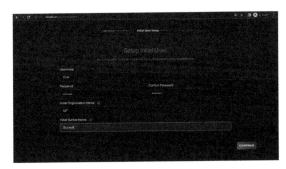

図9-55　各情報の入力

[Quick Start] をクリックすると、準備完了です。

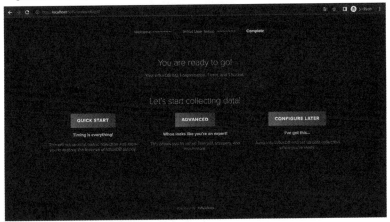

図9-56　[Quick Start] からはじめる

■Writeキーの作成

データを保存するためのWriteキーを作ります。

WriteキーのAPIトークンは後で表示できないので、どこかに保管しておきましょう。

手 順

[1] [API Tokens] をクリック

[Load Data]アイコン ⬆ をクリックし、[API Tokens] をクリックします。

図9-57　[API Tokens]をクリック

[2] [Custom API Token] をクリック

[+ GENERATE API TOKEN] をクリックしてから、[Custom API Token] をクリックします。

図9-58　[Custom API Token]をクリック

[3] Writeキーを作る

Bucketsを展開し、今回使うBucket1の"Write"にチェックを入れて、[GENERATE] をクリックします。

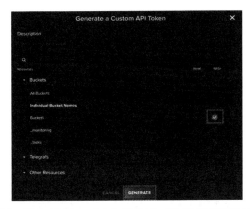

図9-59 "Write"にチェックを入れてから、[GENERATE]をクリック

[4] API Token を保管

「API Token」が表示されるので、[COPY TO CLIPBOARD] をクリックし、メモ帳などで保管します。

※このAPI Tokenは、後で表示させることができません。

図9-60 [COPY TO CLIPBOARD]をクリック

[5] PCのIPアドレスの確認

コマンドプロンプトより"IPCONFIG"を入力し、PCのIPアドレスを確認します。

■フローの作成

　フローは、3つ作ります。

①デバイス用のフロー

②MQTTブローカー(PCで実行)

③PC用のフロー

　MQTTのトピック名は、"Light"にします。

①デバイス用のフロー

　「inject」「analog」「function」「text」「mqtt out」ノードを使います。

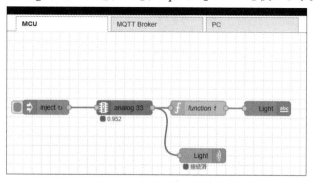

図9-61　デバイス用のフロー

　「inject」ノードで5秒おきにイベントを発生させます。

　照度センサは、アナログのセンサなのでanalogノードでデータを収集します。Grove端子に接続するので、「Pin」は"33"に設定します。

図9-62　「analog」ノード

「function」ノードで数値を小数3桁に丸めます。

```
const light=msg.payload;
msg.payload=light.toFixed(3);
return msg;
```

ダッシュボードの「text」ノードで画面に数値を表示します。
「グループ」や「タブ」は、適当に設定します。

「mqtt out」ノードで、トピックを"Light"にします。
サーバを編集するのでサーバの鉛筆アイコンをクリックします。

図9-63　mqtt outノードの設定

「サーバ」は「MQTT-Broker」ノードで設定します。
「接続」タブのサーバには、PCのIPアドレスを入力します。

図9-64　「MQTT-Broker」ノードの設定

このフローのサイドバーのビルドはMCUタブで実行します。

ダッシュボードを使うので、「UI Support」を"Enable"に設定し、表示が横長になるように、「角度」を"180度"に設定しています。

また、Wi-Fiも使うので、「SSID」と「パスワード」も設定します。

図9-65　MCUタブでの設定

②MQTTブローカー用のフロー

このフローは、「Aedes MQTT Broker」ノードを置くだけです。

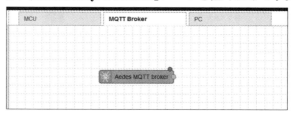

図9-66　MQTTブローカー用のフロー

③PC用のフロー

「mqtt in」ノードと「influxdb out」ノードが必要です。

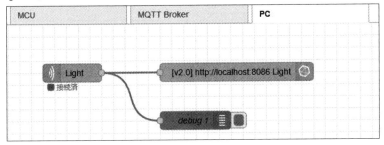

図9-67　PC用のフロー

「mqtt in」ノードのサーバは、デバイス用のフローと共通で大丈夫です。
トピックは「mqttout」ノードと同名の"Light"にする必要があります。

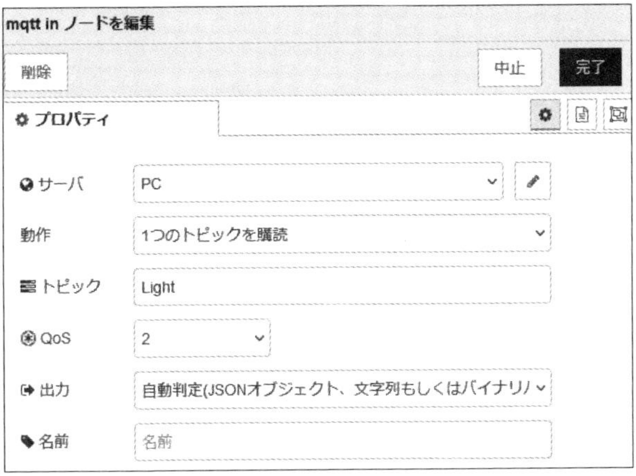

図9-68　「mqtt in」ノードの設定

「influxdb out」ノードの「Server」を編集するので、鉛筆アイコンをクリックします。

「influxdb」設定ノードの編集画面が表示します。「Version」は"22.0"を選択、Tokenは、先に生成したものを入力します。

「Orgnization」「Bucket」は、InfluxDBの初期登録時の値を利用します。

「Measurement」は、DBのTable名に相当し、ここでは"Light"にしました。

図9-69　influxdb out ノードの設定

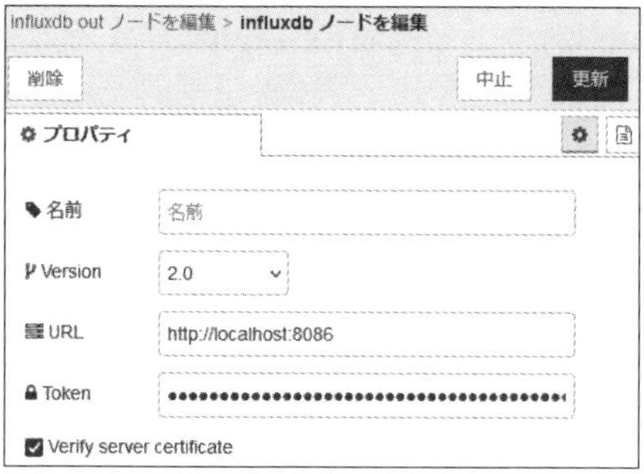

図9-70　Influixdb ノードの編集

設定が終わったら[デプロイ]をクリックします。

■実行結果

InfluxDBのDashBoard (DataExplorer)で表示させてみましょう。

「From」は"Bucket名"を、「Filter」はMesuerment名の"Light"を選択します。
す。
　データ期間を適当(5分程度)に設定して、データ更新ボタンをクリックすると、データが表示されます。

第10章

電子工作

ここでは、実際にブレッドボードを使って電子工作をしてみます。

> ※ここでの内容はコマンドやパスの設定などをLinux Ubuntuで記述しています。
> Mac,Windows を使っている方は環境に合わせて修正が必要な場合があります。

10-1 ブレッドボードでいろいろ試してみよう

電子工作で多く利用されているESP32 Devkitモジュールを使用して、ブレッドボードに回路を組み込んで動かしてみましょう。

回路は順に増やしていきます。

表10-1 部品表(BOM)

番号	品名	型番	数量
1	ESP32 MCUボード	ESP32-WROOM-32E DevKit 4M	1
2	SHT31 センサモジュール	GY-SHT31-D	1
3	LED赤	OS5RKA5111Y	1
4	LED緑	OSG59L5111Y	1
5	タクトスイッチ	SKHHANA010	2
6	抵抗	1KΩ	2
7	幅広ブレッドボード	EIC-3901	1

※ BOM=Bill of Materials

■Blink(Lチカ)

まずはLEDひとつで、LEDランプをチカチカ点滅させる、Blink(Lチカ)をやってみましょう。

図10-1　Blink用のブレッドボード

[1] LEDを配線する

　まずLEDを1つ配線します。ポートはGPIO 26を使用します。

　写真のLEDは超高輝度タイプで、抵抗は1KΩを使用しています。

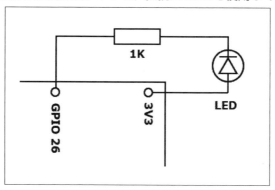

図10-2　回路図

[2] Node-REDフローの作成

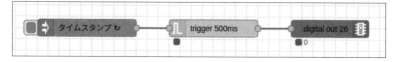

図10-3　Blinkのフロー

[3] 「inject」ノードの設定

「inject」ノードを開いて、繰り返しを"指定した時間間隔"に、時間間隔を"1秒"に設定します。

図10-4 「inject」ノードの設定

[4] 「trigger」ノードの設定

「trigger」ノードを開いて、「1」を送信したあと"500ミリ秒"で「0」を再送信する設定にします。

図10-5 「trigger」ノードの設定

　このノードの手前の「inject」ノードでは1秒間の繰り返しを設定しているので、この組み合わせで0.5秒間隔のON/OFF信号が得られます。

　これを、26番ポートを指定した「digital out」ノードで出力することで、LEDが点滅します。

[5] 「digital out」ノードの設定

図10-6　「digital out」ノードの設定

　Pinには26番ポートを指定します。
　ModeとInitial Stateはデフォルトのままでかまいません。

【サンプル】

10-1_flow-Blink.json

■Blink+Button(Lチカ＋ボタン操作)

さらに、LEDをもう1つと、ボタンを追加して同時に動かしてみましょう。
この後のサンプルのために、ボタンは2つ搭載しておきます。

図10-7　Blink+Button用のブレッドボード

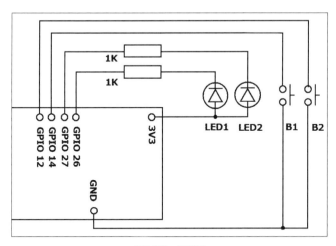

図10-8　回路図

手 順

[1] フローの作成

　ボタンが押されたらLED2を点灯するフローを追加します。

　上のフローと下のフローは独立して動作します。

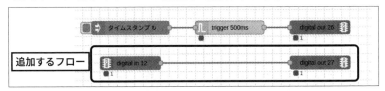

図10-9　Blink+Buttonのフロー

[2]「digital in」ノードの設定

ボタンの入力を取得するために「digital in」ノードを使用します。

図10-10　「digital in」ノードの設定

　Pinのフィールドには、ボタンB2を接続したポート番号の"12"をセットします。

　Modeでは、該当の端子のプルアップ、プルダウンの設定ができます。

　今回の回路は、ポートに接続したボタンを押したときにGNDに接続される設計ですが、外部にプルアップ抵抗を設けていないので、"Input Pull Up"で、内部のプルアップを有効にします。

Edgeの項目はボタンを押した信号の立ち下がりエッジ・立ち上がりエッジのどのタイミングでメッセージを出すかの設定です。

この例では押したとき、離したときの両方で動作を変更するので、"Rising&Falling"を選択します。

Debounceは、ボタンの機械的な接点が接続される時の信号のパタつき（チャタリング）の対策用です。

ここでは"50"にしていますが、接続するボタンによって、値を変更してみてください。

【サンプル】

10-2_flow-Blink+Button.json

■PWM（LEDの明るさ変更）

2つのボタンを使って、LED2の明るさを変更するフローを作ってみましょう。回路はそのまま変えず、フローのみ変更します。

手 順

[1] ノードの設定

LEDの明るさを変更するには、「PWM out」ノードを使用します。

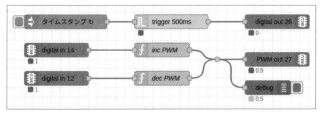

図10-11　PWMのフロー

[2] 「PWM out」ノードの設定

さきほどの「digital out」ノードに替えて、ここでは「PWM out」ノードで27番ポートをコントロールします。

図10-12　「PMW out」ノードの設定

　PWMは出力のON時間とOFF時間の比率を変更することで平均したときの電力を上下します。

　LEDなどで使った場合は肉眼では明るさが変化していますが、実際には高速で点滅していて、点滅の中でのON時間が長くなると明るく見えるようになっています。

　「PWM」ノードに入力する値は、"0〜1"の間なので、この範囲に収まるように制御データを作ります。

[3]「function」ノード

　ここでは「function」ノードを使ってPWMの値を変更します。

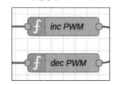

図10-13　「function」ノード

図10-14　「inc PWM」「dec PWM」の設定

```
//inc PWM ###################
let pwm = flow.get('pwm');
if (pwm == null) {
    pwm = 0.5;
}
pwm = Math.round(pwm*100+5)/100;
if (pwm > 1){
    pwm = 1;
}
flow.set('pwm', pwm);
msg.payload = pwm;
return msg;
```

```
//dec PWM ##################
let pwm = flow.get('pwm');
if (pwm == null) {
    pwm = 0.5;
}
pwm = Math.round(pwm*100-5)/100;
if (pwm < 0 ){
    pwm = 0;
}
flow.set('pwm', pwm);
msg.payload = pwm;
return msg;
```

「function」ノードはノードの中にJavaScriptコードを保持できるので、これを利用してさまざまな独自の処理を組み込むことができます。

この例では、PWM出力の値を一時保存するために、flowコンテキストを使用します。

ボタンB1とボタンB2を使い、それぞれのボタンを押すと①flow.pwmの値を取得して値を0.05増減し、②flow.pwmに改めて格納し、③msg.payloadにその値を乗せて出力する、という処理をします。

[4]「digital in」ノードの設定

「function」ノードを動かすためには「digital in」ノードを使いますが、Edge に Rising & Falling が設定してあると、「ボタンを押したとき」と「離したとき」の両方で message が送られるため、一度に2回動作することになります。

ここを "Rising"、または "Falling" のどちらかを選ぶようにします。

図10-15　「digital in」ノードの設定（画像は "Rising" を選択）

ボタンB1、ボタンB2の「digital in」ノードを作って「function」ノードの「inc PWM」「dec PWM」にそれぞれ接続します。

これでデプロイして転送すると、ボタンを押すたびにLEDランプの光量を「5%」変化させることができます。

【サンプル】

10-3_flow-PWM.json

■Sensor(温度・湿度センサ)

次は、SHT31 温度・湿度センサを追加します。

このセンサはI2Cバスに接続するので、以下のように配線を追加します。

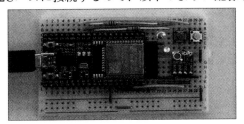

図10-16　Sensor用のブレッドボード

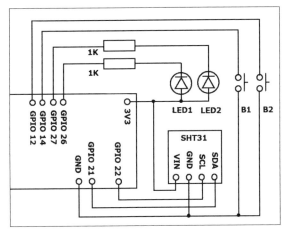

図10-17　Sensorの回路図

手 順

[1] I2Cデバイスの接続

　ESP32 Devkitモジュールは、初期状態でGPIO 21 が「SDA」、GPIO 22 が「SCL」に割り当てられています。

　各信号線を、このポートに接続します。

　SCLとSDAの信号線は、通常5KΩ～10KΩ程度の抵抗で、電源ラインからのプルアップが必要です。

接続するI2Cセンサモジュールの中に、「プルアップ抵抗」が含まれているかを確認し、なければプルアップ抵抗を外付けします。

また、今回はセンサモジュール1つだけの接続ですが、同じI2Cバスに複数のデバイスを接続することもできます。

その場合には、接続するセンサモジュールごとにプルアップ抵抗の有無、あればその抵抗値を確認して合成抵抗で5〜10KΩになるようにモジュールの抵抗を外したり、抵抗を外付けして調整してください。

注意点として、I2Cデバイスアドレスが重なっていると、正しくアクセスすることができません。

同じデバイスを複数搭載する場合はジャンパー設定でアドレスを変更することができるものもあるので、接続したいI2Cデバイスの仕様書を確認してください。

今回使うSHT31モジュールのSCL,SDAは10KΩでプルアップされているので、抵抗を外したり外付け抵抗をつけることなく、このまま接続しています。

[2] フローの作成

第一段階として、センサのデータを取得したあと、「Debug」ノードを使用してデバッガ(xsbug)のコンソールに表示します。

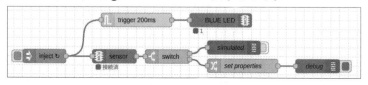

図10-18　sensorのフロー

ここまでのサンプルではLED1を点滅させるだけに使っていた「inject」ノードの出力を、「sensor」ノードに接続して、「sensor」ノードを駆動するタイミング発生器として利用します。

この「inject」ノードの繰り返し周期を変更することでセンサのデータ取得の間隔が変更できます。

LED1はセンサのデータ取得のタイミングを示すランプとして使います。

[3] 「sensor」ノードの設定

「sensor」ノードの基本的な設定を説明します。

「sensor」ノードを開いて「sensor」の項目のプルダウンメニューで目的の
センサを選択します。

ターゲットデバイスの構成に応じてI2Cデバイスアドレスを変更したり、
ドライバのオプション設定を使う場合はノードに含まれる設定フィールド
で設定します。

ノードを開いた下部には、センサデバイスやドライバの仕様へのリンク
も含まれているので、簡単に確認することができます。

図10-19 「sensor」ノードの設定

[4] シミュレーション値の調整

node-red-mcu-pluginでFlows to build for MCUのチェックボックスを
外した状態ではPC上の「sensor」ノードはシミュレーション値を出力します。

シミュレーション値はmsg.payloadにsimulated:trueが含まれているの
で、見分けることができます。

シミュレーション値はPC上で事前にデバッグに使用するには便利ですが、

ここでは実際のセンサデバイスから取得した値と混ざらないようにします。

この例では、「sensor」ノードの後ろでsimulatedのキーがあるものを分岐して、実際のセンサデータの処理フローに影響がないようにしています。

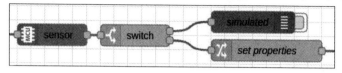

図10-20　処理フローの調整

simulated のキーを含むものを出力1に分岐、この後に続くメインの処理は出力2に出てくる message を使います。

図10-21　「switch」ノードの編集

センサデバイスで情報を取得して処理を行なう場合、後工程のために関連付けしておいたほうが良い項目がいくつかあります。

①センシングした値(センサから得られた生データの数値)
②単位(摂氏なのか華氏なのか、ガウスなのかテスラなのか、単位を明確に。)
③時刻(タイムスタンプ、できるだけセンシングした時刻に近いもの)
④場所(センサがどこに設置されているのかを示す情報)
⑤データソース(センサの種別、センサモジュールのID などのデバイス識別子)

これに加えて、システムの構成により追加で必要となる項目もあります。

　少ない数のセンサを運用する場合はあまり意識しなくても大丈夫かもしれませんが、将来的に多様なセンサをいろいろな場所に設置する場合は、1つの伝送路から送られてきたデータをこういった情報を元に後段で分岐して処理できるようにしておく事が大事になってきます。

　付加情報を「sensor」ノードから取得したmessageに付加するため、「change」ノードを使用して設定します。

図10-22　「change」ノードを編集

msg.payload : Object
▼object
　▼hygrometer: object
　　humidity: 42.38803692683299
　▼thermometer: object
　　temperature: 20.895704585336077

msg.payload : Object
▼object
　▼hygrometer: object
　　humidity: 44.50751506828412
　　unit: "%"
　▼thermometer: object
　　temperature: 21.403067063401238
　　unit: "°C"
　timestamp: 2023/2/20 16:00:05 [UTC+9]
　location: "kitchen"
　sensor: "SHT31"
　moduleID: "A0E8"

図10-23　情報を付加する前後

[5] タイムスタンプの扱い

　タイムスタンプについては「sensor」ノードの前に配置した「inject」ノードで取得しています。

　通常「inject」ノードはmsg.payloadにタイムスタンプを置きますが、後ろの「sensor」ノードを通るときにmsg.payloadが上書きされてタイムスタンプが失われてしまいます。

　この例で使用する「inject」ノードでは取得したタイムスタンプをmsg.timestampに退避させておき、「sensor」ノードを通過したところでmsg.payloadに移動しています。

　実行するとデバッガxsbugのコンソールでも各データが含まれているのを見ることができます。

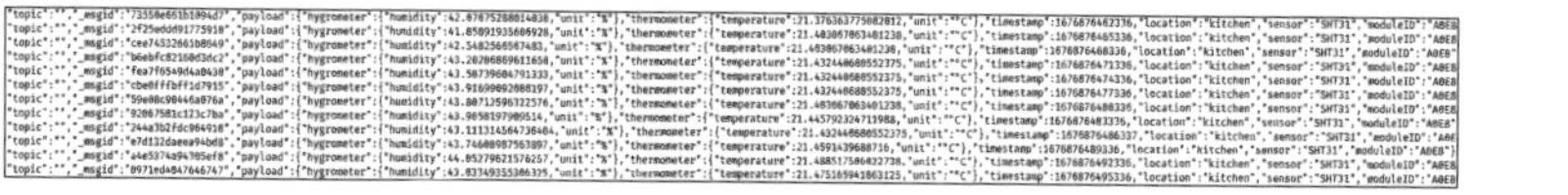

図10-24　実行結果

【サンプル】

10-4_flow-sensor.json

■Sensor-MQTT（センサで取得したデータをチャートに表示）

SHT31で取得した温度・湿度データをPC/サーバに送ってチャート表示を
行ないます。

通信にはMQTTを使うので、「MQTT out」ノードを使用します。
MQTTは、クラウド上、またはローカルのMQTT Brokerを経由して通信します。

手 順

[1] MQTT環境の準備

すぐに利用できるMQTT Brokerがない場合は、ローカルのPC上で
Node-REDで動作するMQTT Brokerを動かしてみましょう。

Node-REDの右上のメニューからパレットの管理を選択し、ノードの追
加でnode-red-contrib-aedesを検索して追加してください。

フローエディタで追加されたノードを配置してデプロイするだけで利用
できるようになります。

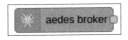

図10-25　aedes boker

ESP32デバイス上で動作するフローで「MQTT in」「MQTT out」ノード
を使用する場合は、MQTT Brokerが動作しているPCのIPアドレスを調
べて、

> サーバ:<IP アドレス>, ポート:<設定されているポート番号(1883)>

で接続します。

このMQTT Brokerを同じPC上で動作するNode-RED上にある「MQTT
in」「MQTT out」ノードで使用する場合は、サーバの設定をIPアドレスに
替えて「localhost」で接続することもできます。

ESP32デバイスとMQTT Brokerの操作しているPCは同じWi-Fiアク
セスポイントに接続するなど、同一のネットワーク内で双方がアクセスで
きるようにする必要があります。

ファイアウォールの設定も、1883ポートが閉じている場合は開く設定を行なってください。

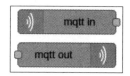

図10-26　「mqtt in」と「mqtt out」ノード

[2] ブレッドボードの確認

ブレッドボード上の回路には変更はありません。

[3] デバイス側のフロー

下記のフローを使用します。先ほどの「sensorのフロー」の最終段にある「debug」ノードに並べて、「MQTT out」ノードを配置したものです。

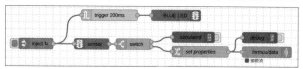

図10-27　デバイス側のフロー

[4] 「MQTT out」ノードの設定

MQTT Broker を経由してローカルのPCで受信するフローを用意して、デバイスから送られたデータを表示してみましょう。

※この例ではローカルのPCで説明していますが、クラウド上にサーバを立てて常時運用すればデータの蓄積や確認、操作インターフェイスに外出先からでもアクセスできることになります。

図10-28　「MQTT out」ノードの設定

デバイス上で動かす「MQTT out」ノードの設定です。

サーバ設定の右側の鉛筆マークを押して、新しいMQTT Brokerを設定します。

MQTTブローカーを動かしているPC/サーバのIPアドレスを入れてポートの設定(通常は1883)を確認しておきます。

トピックとして、ここでは "nrmcu/data" をセットしていますが、利用するMQTT Brokerで他に使用しているトピックとかぶらないように設定してください。

[5] ネットワークへ接続

ここからは、デバイスをネットワークに接続します。

「MCU」サイドパネルでWiFi SSIDとパスワードを設定します。

図10-29　ネットワークへ接続

これでBuildボタンを押せば、WiFiアクセスポイントに接続するコードがビルドされてデバイスに転送されます。デバッガxsbugでアクセスポイントへの接続状態と、接続に成功した時のIPアドレスを確認することができます。

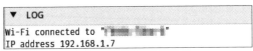

図10-30　接続のLOG

[6] デバイス側のフロー

【サンプル】

10-5_DeviceFlow-sensor-MQTT.json

[7] フローの設定（PC/サーバ側）

デバイスから送信されたセンサデータをPC/サーバ側のNode-REDで見てみましょう。

まず、「MQTT in」ノードに「debug」ノードを接続したシンプルなフローで見てみましょう。

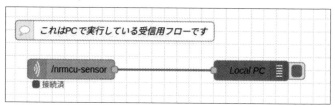

図10-31　フローの設定（PC側）

[8] 「MQTT in」ノードの設定

「MQTT in」ノードを開いてトピックを設定します。

ここはデバイス側のフローで設定したトピックと合わせます。

そして、MQTT Brokerを設定します。

サーバ設定の右側の鉛筆マークを押して設定を開きます。

図10-32　「MQTT in」ノードの設定

ローカルのPCで運用しているMQTT Brokerに接続する場合、"localhost"とポート番号（通常は1883）をセットします。

クラウドで運用しているMQTT Brokerの場合はここに実際のIPアドレスとポート番号をセットします。

デプロイすると、PC/サーバ上のNode-REDのデバッグパネルで MQTT Brokerを経由して受信したデータを見ることができます。

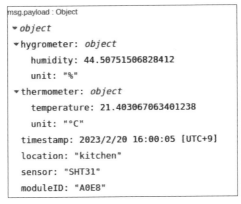

図10-33　デバッグタブ表示

[9] チャートを表示

このデータからダッシュボードを使用して気温と湿度のチャートを表示します。

Node-REDフローエディタの右上のメニューからパレットの管理から「ノードを追加」でnode-red-dashboardを検索して追加し、その中にある「chart」ノードを使用します。

「chart」ノードに送る気温と湿度のデータは、手前の「change」ノードを使ってmsg.payloadに抽出しておきます。

図10-34　「change」ノードの設定

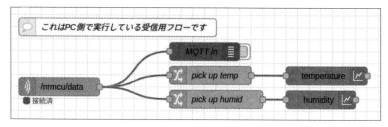

図10-35　ノードを追加

ダッシュボードのグループ、タブはデフォルトでもかまいません。

図10-36　「Chart」ノードの設定

　ダッシュボードパネルの右側の「矢印ボタン」を押すとダッシュボードの画面が開いてチャートが表示されます。

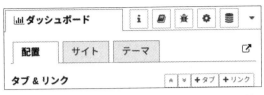

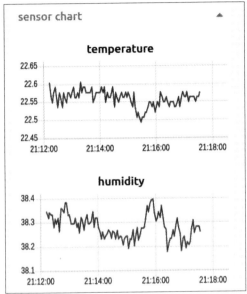

図10-37　チャートの表示

[10] PC/サーバ側のフロー

【サンプル】

10-5_PcFlow-sensor-MQTT.json

■Sensor module

前のサンプルと同じように、SHT31で取得した温度・湿度データをPC/サーバに送ってチャート表示を行ないます。

今回は、データの送信開始/停止を設定できるよう操作インターフェイスを設け、MCUモジュールから受信したデータは、日付ごとにCSV形式のファイルとして記録するようにします。

●PC/サーバ上のNode-REDで運用する操作インターフェイス

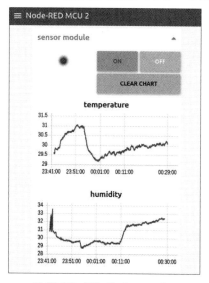

図10-38　操作インターフェイス

・ONボタン/OFFボタンで、デバイスからのセンサデータ送出を開始/停止できる

デバイス側のONボタン/OFFボタンでも操作することができる。
・デバイス側、PC/サーバ側のどちらかで操作をすると他方に反映される。
・気温と湿度のチャートを表示。
・CLEAR CHARTボタンを押すと、チャートの表示内容を一旦消去する。
・転送されたセンサデータはPC/サーバ側でCSV形式のファイルとして保存。
・保存ファイルは日付が変わるごとに作成。

MQTT通信を双方向で使用することにより、デバイス側、PC/サーバ側のどちらからでも送信開始/停止の操作ができ、LEDで動作状態が分かるようにします。

●注意点

フローはセンサデータを扱う部分とLED表示状態を扱う部分に分かれています。

データをやり取りするMQTTの部分も、データをサーバに上げるuplinkと、デバイスがサーバから受信するdownlinkを分離してループができないようにしています。

MQTT out と MQTT in がフローの中でループができると、永久にデータの送受信が続いてしまうことになりかねないので、フローを組む際には注意が必要です。

この例では使用していませんが、場合によっては「filter」ノードを使用して同じ値の場合は転送しないフローとするなど、ループ動作が起こらないようにするといいでしょう。

図10-39 「filter」ノード

●ESP32デバイス側のフロー

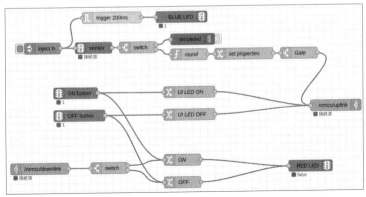

図10-40 デバイス側のフロー

センサデータをMQTTで転送するかどうかを切り替えるため、センサデータの経路上に「switch」ノードを使ってGateを設けています。

Gateを通過したメッセージだけが「MQTT」ノードで転送されます。

このGateの通過条件を保持するために、flowコンテキストのsensor_enableを設定します。

flowコンテキストは現在編集しているタブ内のノード間でメッセージに関わらず情報を共有することができます。Gateの他のノードでflow.sensor_enableのtrue/falseを操作することでセンサデータがGateを通過するかどうかを設定することができます。

図10-41 「switch」ノードの設定

デバイス側でONボタンやOFFボタンを押したときに「digital in」ノードでそれを受けて、ONとOFFの「change」ノードでデバイス上のLEDの状態を変更するメッセージにするとともにflow.sensor_enableの内容をセットしています。

このflow.sensor_enableの状態によってセンサデータがGateを通過するかどうかが決定されます。

同時に、MQTT通信のアップリンクでPC/サーバ側のNode-RED上に配置したLEDの状態を変更するメッセージを送ります。

　PC/サーバ側のNode-REDダッシュボードで操作したときにはMQTT通信のダウンリンクで操作状態のメッセージを受けて、デバイス側の状態を変更します。

●デバイス側のフロー
【サンプル】

10-6_DeviceFlow-sensor-module.json

●PC/サーバ側で動作するフロー

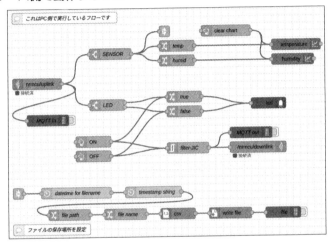

図10-42　PC/サーバー側で動作するフロー

　Node-REDフローエディタの右上のメニューからパレットの管理から「ノードを追加」でnode-red-contrib-ui-ledとnode-red-contrib-momentを検索して追加しておきます。

　PC/サーバ側で動作するフローでは「MQTT in」ノードでMCUモジュールからの通信を受信したあと、センサデータを含むメッセージと、LEDの操作を行なうメッセージに分離してそれぞれの処理を行ないます。

　ダッシュボードのボタンノードの後ろに付けた「filter」ノードはフローを変更するときに誤ってMQTTがループ動作をしないよう念の為設けたもので、

この状態のフローの中では特に必要ありません。

「link」ノードでフローの一番下のグループにセンサデータを送っています。ここではセンサデータのメッセージをファイルに保存する処理を行います。

「datetime formatter」を2つ使用していますが、1つは保存するファイル名に日付情報を含めるため、タイムスタンプを元に年/月/日までの文字列にして保持します。

この日付情報を元にファイルに追記を行ないます。データ記録を続けて日付が変わると、この情報が変わるので新しいファイルが作成されて追記されていきます。

もう1つは、タイムスタンプを元にCSVファイルにデータとして保存する日付時刻情報の文字列を作成しています。

file pathのラベルのついた「change」ノードでファイルの保存場所を指定しています。別の場所に保存する場合はこの内容を変更します。

●PC/サーバ側のフロー

【サンプル】

10-6_PcFlow-sensor-module.json

10-2 　PWMでハイパワーLEDの調光をしてみよう

　苔テラリウム用に育成用LEDライトを作って、苔を育てています。

　苔テラリウムグラスの上にアクリル製の換気プレートを取り付けてあり、そこにLEDライトを取り付けています。

　この育成用LEDライトに少し手を加えて、これまで作ったブレッドボードを使ってLEDの調光をしてみましょう。

　USBで給電して本体側面から半固定抵抗を回して手動で調光するライトモジュールです。

図10-43　苔テラリウム用　ライトモジュール

　ライトモジュールは消費電力が大きいのでUSB給電はそのまま使用し、内部で使っている定電流LEDドライバIC「NJW4617」のPWM制御端子をリード線で外に引き出して、「PWM out」ノードで調光を行なうことにします。

図10-44　ライトモジュールの中身。

ドライバICのPWM制御端子を引き出してブレッドボードに用意したPWM端子 GPIO 19 に接続します。

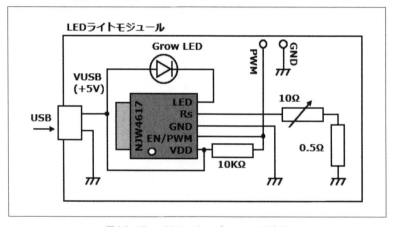

図10-45　LEDライトモジュール　回路図

ボタンを押してPWMの値を変化させると、育成用のパワーLEDの明るさが変化します。

図10-46　LEDの明るさが変化

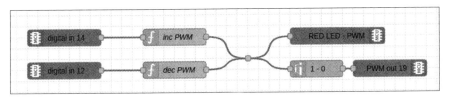

図10-47　フロー

【サンプル】

10-7_flow-pwmLight.json

10-3　ミストモジュールをコントロールしてみよう

　苔テラリウム内のこけに水分を補給するためにミストモジュールを作って使用しています。

　ミスト発生用の圧電モジュールはネット通販で入手したもので、ウォーターボトルに取り付ける部分やミストの方向を変えるノズル部分は3Dプリンタで作成しています。

　USBで給電し、ドライバ基板上のボタンを押すことでミストの発生と停止を切り替えています。

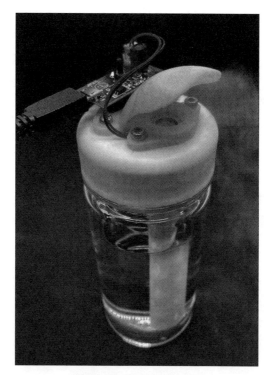

図10-48　ミストモジュール

手　順

[1] ミストモジュールドライバ回路の作成

　このミストモジュールはLEDほど消費電力が大きくないので、MCUデバイスを搭載したブレッドボードの5Vから給電することにします。

　元のトグル動作のボタンを操作する場合は、操作信号とミスト発生の状態が1つズレるとONとOFFの状態が入れ替わった動作になってしまいます。

　そのため、ボタンを操作するのではなく給電されたら常にミストを発生、給電停止されたらミストも停止するようにドライバ基板を改造して使用します。

　幸い、このモジュールではボタンをショート状態にすれば目的の動作になりました。

図10-49　ミストモジュール

　また、USBコネクタの横から+5VとGNDを引き出して外部から給電できる端子を設けます。

　LEDライトほど消費電力が大きくないとはいうものの、このミストモジュールをMCUのポートから直接駆動するには電流容量が不足します。
　そこで、電界効果型トランジスタ(FET)を使ったインターフェイス回路を経由して駆動します。

図10-50　電界効果型トランジスタ (FET)

[2] FET 2SK2232 を使い、オープンドレイン回路を構成

　デバイスのポートが ON になればミストモジュールから引き出した端子間に +5V が印加され、ミストが発生します。

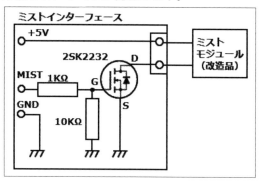

図10-51　ミストインターフェイス回路図

　インターフェイスの MIST 端子を MCU の GPIO 18 に接続します。

図10-52　使用中の様子

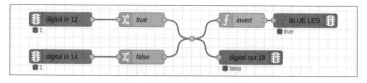

図10-53　ミストモジュールのフロー

【サンプル】

10-8_flow-mistControl.json

10-4　LED調光とミストモジュールを使ってリモートで苔のお世話

　さきほど用意したLEDライトとミストモジュールを使って、ネットワーク経由で苔のお世話ができるデバイスを作ってみましょう。

　ミストモジュールは苔テラリウムグラスの横に設置してミストを供給します。
　大きなグラスで苔を育てる場合はミストモジュールをグラスの中に入れてもいいかもしれません。

　PC/サーバからブレッドボードで制作したMCUモジュールを経由して各モジュールをコントロールするために、PC/サーバ上で動作させるNode-REDフローを用意します。

> ※これを家庭内のPCで動作させれば家庭内のネットワークに接続できる範囲からコントロールできますし、クラウド上のサーバで動作させれば外出先からもこけのお世話ができることになります。

図10-54　リモートミスト/ライトモジュール

手　順

[1] ブレッドボードにLEDライトモジュールとミストモジュールを接続

図10-55　ブレッドボードに接続

[2] インターフェイスの設定

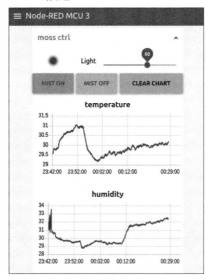

図10-56　PC/サーバ上のNode-REDで運用する操作インターフェイス

- ・MIST ON, MIST OFFのボタンでミストモジュールをON/OFFする。
  デバイス側はミストボタンを押すごとにON/OFFが切り替わる。
- ・LightのスライダでLED調光のPWMをコントロール。
  デバイス側はライトボタンを押すごとに5%ずつ明るくなっていき、100%を超えると0%に戻って5%ずつ増加。
- ・MISTとPWMは、どちらかで操作すると他方に操作内容が反映される。
- ・設定した明るさはMCU側で値を保持しておき、何らかの理由でデバイスの電源が切れてリセットがかかっても復旧したときに元の設定値でLEDが光るようにする。
- ・気温と湿度のチャートを表示。
- ・CLEAR CHARTボタンを押すとチャート表示が消去される。

[3] MCUデバイス側のフロー

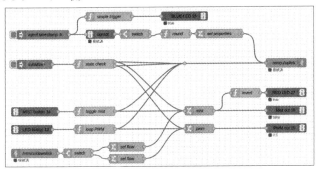

図10-57　デバイス側のフロー

initializeのラベルがついた「inject」ノードはMCUデバイスが起動したときに設定を初期化するためのトリガを発生します。

起動のあと3秒後、これに続く「function」ノードで設定を初期化します。

- ・ミストモジュールについては再起動時はOFFになるようにする。
  ミストの状態は電源が切られたときに消去されるメモリに保存しておき、再起動時はOFFの状態になるようにする。
- ・ライトモジュールのLEDの明るさは、前回動作時に設定されていた値を復帰する。
  ライトのPWM値はMCUの不揮発性メモリに保存しておき、再起動時はその値を復帰してLEDモジュールの調光を行なう。

[4] Node-RED の設定ファイルを変更

この動作を実現するために、コンテキストストレージを選択できるように Node-RED の設定ファイルを変更します。

VS Code で Node-RED の設定ファイルを開きます。

```
$ code ~/.node-red/settings.js
```

「Runtime Settings」内の「contextStorage」の項目を探して下記を追記します。

```
contextStorage: {
    default: "memory",
    memory: { module: 'memory' },
    file: { module: 'localfilesystem' }
},
```

Node-RED を再起動します。

```
$ systemctl restart nodered.service
```

この設定変更で、「change」ノードで flow コンテキストや global コンテキストを選択したときに、その保存先を選択できるようになります。

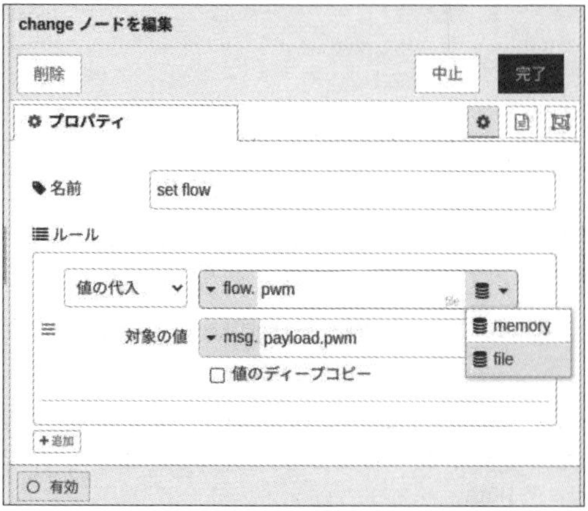

図10-58 「change」ノードを設定

この機能を使用して、ミストの状態は memory に保存、PWM の値は file に保存する設定にしています。

　fileベースのコンテキストを使用した場合、node-red-mcuでは不揮発性メモリ領域にデータを保存しますので、電源を切ってリセットがかかった後でも値を復帰することができます。

　このNode-RED設定ファイルの変更をした上でデバイス用のフローをビルドします。

[5]デバイス用フロー

【サンプル】

10-9_DeviceFlow-mossControl.json

[5] PC/サーバ側のフローを設定
　PC/サーバ側で実行するフローは以下の通りです。

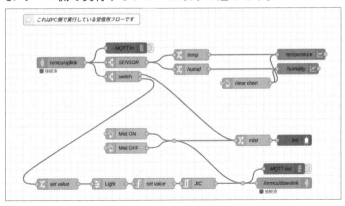

図10-59　PC側のフロー

　「slider」ノードの設定の中にある "If msg arrives on input, pass through to output:" のチェックボックスは、"OFF"にしておきます。

図10-60 「slider」ノードの設定

[7] PC/サーバ用フロー

【サンプル】

10-9_DeviceFlow-mossControl.json

10-5 今後のオリジナルデバイス開発

　今回実験的に組み立てたものは、手動でライトモジュールの調光をしたりミストモジュールのON/OFFを行ないましたが、他のセンサを搭載したり、自動調光、自動湿度調節のフローを組むなど機能を拡張すれば、苔テラリウム内の環境コントロールを行なうことも可能です。

　本書の内容がきっかけで、こういったオリジナルのデバイスを作って頂くことにつながれば大変うれしいです。

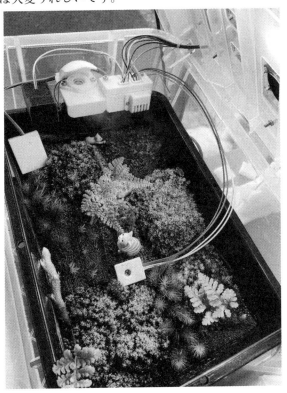

Moddable SDKの環境構築を自動化する「xs-devツール」

　これまで説明したModdable SDKと開発ボードツールの環境構築は、手順が面倒であったり、OS（プラットフォーム）ごとに手順が異なっています。

　「xs-devツール」はxs-devコマンドをいくつか実行するだけで環境構築が完了し、OSごとの手順を共通化したり、環境差分に対応することを目的として現在開発が進められています。

　今後、「MacOS」「Linux」に続き、「Windows」がサポートされる予定です。

・xs-dev ツール

https://github.com/hipsterbrown/xs-dev/

【主な機能】
・Moddable SDKのセットアップ
・Moddable SDKのバージョンアップ
・接続されているデバイスの検索
・サンプルのビルド、実行、デバイスへのインストール
・プロジェクトの新規作成

開発への貢献方法

　Node-RED MCUは、開発が始まったばかりです。

　コミュニティに加わってあなたの経験や知識をプロジェクトへフィードバックしましょう。

　開発へ参加する場合、CLAフォームを「Moddable」（info@moddable.com）へ提出する必要があります。

https://github.com/Moddable-OpenSource/moddable/blob/public/
contributing.md

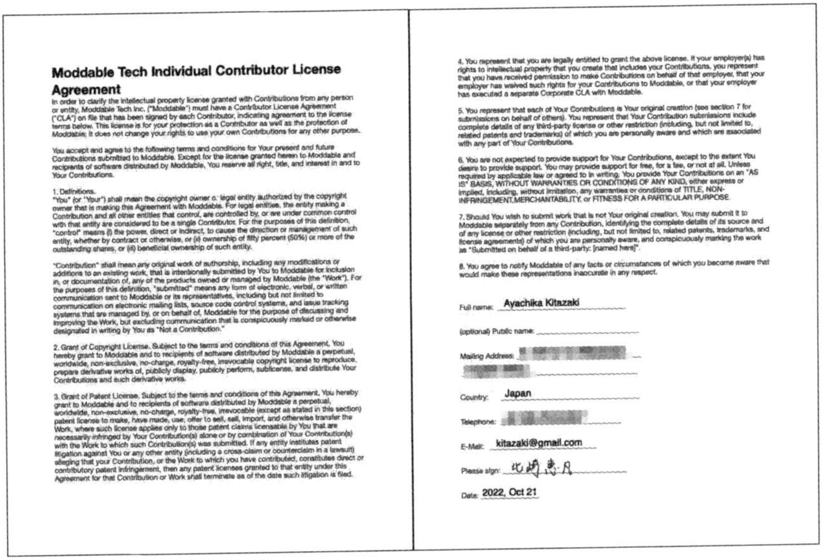

図A-1　筆者のCLAフォームのサンプル

　問題なく受理されると、GitHub上で開発を進めていくことになります。

・Moddableのサイト

https://github.com/Moddable-OpenSource/moddable

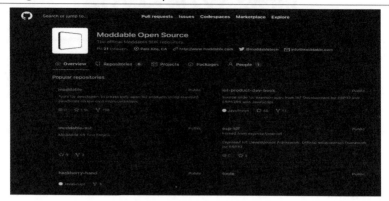

図A-2　Moddable SDKのサイト

・Node-RED MCUのサイト

https://github.com/phoddie/node-red-mcu

図A-3　Node-RED MCUのサイト

・Node-RED MCU Pluginのサイト

https://github.com/ralphwetzel/node-red-mcu-plugin

図A-4　Node-RED MCU Pluginのサイト

　ちなみに、筆者が行なっている貢献活動例は、以下の通りです。

・新しいデバイスをサポートする開発(Pull requests)
・不具合の報告と修正依頼(Issues)
・不具合の修正と反映依頼(Pull requests)
・新しい機能追加提案と反映依頼(Pull requests)
・議論への参加(Discussions)

開発者からのメッセージ

こんにちは。Node-RED開発者のみなさん。

私がNode-RED MCU Editionのプロジェクトを始めてからまだ1年も経っていませんが、その時はこれを本にする人がいるなんて思ってもいませんでした。

この素晴らしい本をこんなに早く作ってくれた方々に感謝とお祝いを申し上げます。

著者と私には共通の目標があります。より多くの開発者に小型の組み込み機器向けのソフトウェアを作る楽しさを知ってもらいたいのです。

組込み開発は時に複雑で、威圧的にさえ感じることがあります。

本書は、親しみやすくフレンドリーなNode-REDエディタから始まり、必要な知識をすべて教えてくれます。

Node-RED MCU Editionでプロジェクトを作成する場合、強力な技術スタックの上に構築することになります。

その中心は、マイクロコントローラ用の唯一のモダンなJavaScriptエンジンであるXSです。

XSはModdable SDKの一部で、グラフィックス、ネットワーク、セキュリティ、ハードウェアなどの組み込みJavaScriptモジュールも含まれています。

多くのモジュールは、I/O、センサー、ネットワークのためのECMA-419 JavaScript APIに準拠しています。Node-RED MCU Editionを使用することで、これらの技術についてより深く学ぶことができます。

Node-RED MCU Editionは、私たちの生活にあるすべてのデバイスをプログラム可能にするという私の個人的な目標に向けた重要な一歩です。

スマートフォンではソフトウェアを作成することができます。

なぜ、電球のようなデバイスもそんなふうにしないのか。メーカーはデバイスの動作をカスタマイズできるようにするべきです。

世界共通のプログラミング言語であるJavaScriptを使えば、それが可能なのです。

Node-RED MCU Editionは、このような未来を今すぐ探索することができます。

Node-RED MCU Editionは、新しく、急速に進化しているプロジェクトです。

本書を読み、自分自身のプロジェクトを作成することで、あなたはコントリビュータになります。

初期段階でのあなたの見識は、このプロジェクトの未来に大きな影響を与えることができます。

あなたの経験を著者や私、そして他の開発者と共有してください。私たちは、何がうまくいっているのか、何がわかりにくいのか、何が改善できるかを知りたいのです。

最後に、Node-RED MCU Editionプロジェクトと本書は、世界中のNode-REDコミュニティのメンバーが、その知識、アイデア、熱意を共有してくれたからこそ存在します。彼らの寛容さと辛抱強さには目を見張るものがあります。

この本で、あなたもコミュニティの一員になるきっかけになれば幸いです。

Peter Hoddie

五十音順

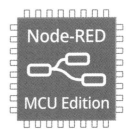

《著者略歴》

北崎　恵凡 （きたざき　あやちか）

趣味でモノづくり活動やコミュニティ「野良ハック」や技術書の執筆や月刊I/O（工学社）、
シェルスクリプトマガジン（USP出版）などへの寄稿を行なう。
共著書に「Jetson Nano超入門」（ソーテック社）、「現場で使える！Google Apps Script
レシピ集」（インプレスR&D）、「図解と実践で現場で使えるGrafana」（インプレスR&D）
がある。コミュニティではオンライン・オフライン・ハイブリッドイベントの企画・運営・
配信・アーカイブ編集/管理支援を担当。
Twitter: @Zakkiea

塩路　昌宏 （しおじ　まさひろ）

ものづくりクラフトルーム　Open Creation Lab. 代表
立命館大学（びわこ・草津キャンパス）非常勤職員
メーカー勤務ののち大阪府堺市でクラフトルームOpen Creation Lab.を起業。
ものづくりを体験できる場所を提供しながら植物栽培サポートシステムなどを開発中。
並行して立命館大学に勤務しNEDO SIP-SSESプロジェクトでの実験や開発業務を
担当。
Instagram : https://instagram.com/opencreationlab

田内　康 （たうち　やすし）

大学の超大型汎用機、スーパーコンピュータの運用業務を経験後、学生実験やプラズマ
実験等に関わる。現在はコンピュータ等の支援業務に携わる。
東大グリーンICTプロジェクト（GUTP）では、"IEEE1888 over WebSocket"の仕様策
定等に携わった。
仕事・趣味で、ものづくり・IoTの開発等を行う。
Twitter: @NWLab_jp

本書の内容に関するご質問は、
① 返信用の切手を同封した手紙
② 往復はがき
③ FAX (03) 5269-6031
　（返信先のFAX番号を明記してください）
④ E-mail　editors@kohgakusha.co.jp
のいずれかで、工学社編集部あてにお願いします。
なお、電話によるお問い合わせはご遠慮ください。

サポートページは下記にあります。

［工学社サイト］
http://www.kohgakusha.co.jp/

I/O BOOKS

はじめてのNode-RED MCU Edition
―ビジュアルプログラミングでマイコンを動かそう!―

2023年 4月30日　初版発行　ⓒ2023

著　者　　北崎　恵凡、塩路　昌宏、田内　康
発行人　　星　正明
発行所　　株式会社**工学社**
〒160-0004 東京都新宿区四谷4-28-20 2F
電話　　　（03）5269-2041 (代) ［営業］
　　　　　（03）5269-6041 (代) ［編集］

※定価はカバーに表示してあります。

振替口座　00150-6-22510

印刷：(株)エーヴィスシステムズ

ISBN978-4-7775-2249-1